强化学习实战
强化学习在阿里的 技术演进和业务创新

笪庆 曾安祥 编著

电子工业出版社
Publishing House of Electronics Industry
北京·BEIJING

内 容 简 介

本书汇集了阿里巴巴一线算法工程师在强化学习应用方面的经验和心得，覆盖了阿里巴巴集团多个事业部的多条业务线。书中系统地披露在互联网级别的应用上使用强化学习的技术细节，更包含了算法工程师对强化学习的深入理解、思考和创新。作为算法工程师，你将了解到强化学习在实际应用中的建模方法、常见的问题以及对应的解决思路，提高建模和解决业务问题的能力；对于强化学习方向的研究人员，你将了解到在游戏之外更多实际的强化学习问题，以及对应的解决方案，扩宽研究视野；对于机器学习爱好者，你将了解到阿里巴巴的一线机器学习算法工程师是如何发现问题、定义问题和解决问题的，激发研究兴趣以及提升专业素养。

本书适合算法工程师、强化学习方向的专业人员阅读，也可供机器学习爱好者参考。

未经许可，不得以任何方式复制或抄袭本书之部分或全部内容。
版权所有，侵权必究。

本书著作权归阿里巴巴（中国）有限公司所有。

图书在版编目（CIP）数据

强化学习实战：强化学习在阿里的技术演进和业务创新 / 笪庆，曾安祥编著. —北京：电子工业出版社，2018.10
（阿里技术丛书系列）
ISBN 978-7-121-33898-4

Ⅰ. ①强⋯ Ⅱ. ①笪⋯ ②曾⋯ Ⅲ. ①机器学习 Ⅳ. ①TP181

中国版本图书馆 CIP 数据核字(2018)第 064959 号

责任编辑：宋亚东
印　　刷：中国电影出版社印刷厂
装　　订：中国电影出版社印刷厂
出版发行：电子工业出版社
　　　　　北京市海淀区万寿路 173 信箱　邮编：100036
开　　本：720×1000　1/16　印张：14.75　字数：226 千字
版　　次：2018 年 10 月第 1 版
印　　次：2018 年 10 月第 1 次印刷
定　　价：89.00 元

凡所购买电子工业出版社图书有缺损问题，请向购买书店调换。若书店售缺，请与本社发行部联系，联系及邮购电话：（010）88254888，88258888。
质量投诉请发邮件至 zlts@phei.com.cn，盗版侵权举报请发邮件至 dbqq@phei.com.cn。
本书咨询联系方式：010-51260888-819，faq@phei.com.cn。

推荐序一

当前的机器学习算法大致可以分为有监督学习、无监督学习和强化学习三类。强化学习和其他学习方法的不同之处在于：强化学习是智能系统从环境到行为映射的学习，以使奖励信号函数值最大。如果智能体的某个行为策略引发正的奖赏，那么智能体以后产生这个行为策略的趋势便会加强。强化学习是最接近自然界动物学习本质的一种学习范式。尽管强化学习从提出到现在差不多有半个世纪了，但是它的应用场景仍很有限，解决规模大一点的问题时会出现维数爆炸问题，难于计算，所以往往看到的例子都是相对简化的场景。

最近，强化学习因为与深度学习结合，解决海量数据的泛化问题，取得了令人瞩目的成果。在包括 DeepMind 自动学习玩 Atari 游戏，以及 AlphaGo 在围棋大赛中战胜世界冠军的背后，其强大武器之一就是深度强化学习技术。相对 DeepMind 和学术界看重强化学习的前沿研究，阿里巴巴则将重点放在推动强化学习的技术输出及商业应用上。

在阿里移动电商平台中，人机交互的便捷、碎片化使用的普遍性、页面切换的串行化、用户轨迹的可跟踪性等都要求系统能够对多变的用户行为，以及瞬息万变的外部环境进行完整建模。平台作为信息的载体，需要在与消费者的互动过程中，根据对消费者（环境）的理解，及时调整提供信息（商品、客服机器人的回答、路径选择等）的策略，从而最大化过程累积收益（消费者在平台上的使用体验）。基于监督学习方式的信息提供手段，缺少有效的探索能力，造成其系统倾向给消费者推送曾经发生过行为的信息单元（商品、店铺或问题答案）。而强化学习作为一种有效的基于用户与系统交互过程建模和最大化过程累积收益的学习方法，在阿里一些具体的业务场景中进行了很好的实践并得到大规模应用。

- **在搜索场景中**，阿里巴巴对用户的浏览购买行为进行马尔可夫决策过程建模，在搜索实时学习和实时决策计算体系之上，实现了基于强化学习的排序策略决策模型，从而使得淘宝搜索的智能化进化至新的高度。双 11 桶测试效果表明，算法指标取得了近 20% 的大幅提升。
- **在推荐场景中**，阿里巴巴使用了深度强化学习与自适应在线学习，通过持续机器学习和模型优化建立决策引擎，对海量用户行为以及百亿级商品特征进行实时分析，帮助每一个用户迅速发现喜欢的商品，提高人和商品的配对效率，算法效果指标提升了 10%~20%。
- **在智能客服中**，如阿里小蜜这类的客服机器人，作为投放引擎的智能体，需要有决策能力。这个决策不是基于单一节点的直接收益来确定的，而是一个较为长期的人机交互的过程，把消费者与平台的互动看作一个马尔可夫决策过程，运用强化学习框架，建立一个消费者与系统互动的回路系统，而系统的决策是建立在最大化过程收益的基础上，达到一个系统与用户的动态平衡的。
- **在广告系统中**，如果广告主能够根据每一条流量的价值进行单独出价，广告主便可以在各自的高价值流量上提高出价，而在普通流量上降低出价，如此可以获得较好的**投资回报率**（Return On Investment，ROI），与此同时，平台也能够提升广告与访客间的匹配效率。阿里巴巴实现了基于强化学习的智能调价技术，对于访问广告位的每一位访客，根据他们的当前状态去决定如何操作调价，给他们展现特定的广告，引导他们的状态向我们希望的方向上转移，双 11 期间实测表明，**点击率**（Click-Through Rate，CTR）、**每千次展示收入**（Revenue Per Thousand，RPM）和**成交金额**（Gross Merchandise Volume，GMV）均得到了大幅提升。

当然，强化学习在阿里巴巴内部的实践远不止于此，鉴于篇幅限制，本书只介绍了其中的一部分。未来深度强化学习的发展必定是理论探索和应用实践的双链路持续深入。希望本书能抛砖引玉，从技术和应用上帮助读者，共同推进深度强化学习的更大发展。

阿里巴巴研究员　青峰
2018 年 9 月于杭州

推荐序二

首先很欣慰地看到这本围绕强化学习应用的实践之作问世，经过几年在电商的大数据平台的持续积累，阿里巴巴的算法同学在决策智能方向迈出了坚实的一步。

回顾阿里巴巴电商搜索推荐技术的一路演进历程，有幸亲身经历了一个在大数据驱动下，学习和决策能力兼备的智能化体系的建立和发展。整本书围绕强化学习技术在搜索、推荐、广告、客服机器人等真实在线交互产品的实战经验进行了认真细致的论述，相信对从业者大有裨益，也期待更多优秀的工作应运而生。

本书大部分应用仍然是围绕着信息化系统来实验和论证的，信息化系统仍然具备了感知、匹配、选择、决策、反馈的完整闭环，而如何让强化学习技术给我们的日常生产生活中的决策问题带来价值，仍然有很长的一段路要走。本书第 12 章介绍的利用深度强化学习求解三维装箱问题，作为抛砖引玉，鼓励学者们积极探索强化学习理论在运筹优化方向的应用和探索，对于可以抽象为序列决策问题的运筹优化问题，基于传统组合优化方法的求解方式，往往会遇到响应时间长、数据利用率低等问题。第 12 章开启了如何利用数据驱动，将装箱问题建模成一个考虑如何按照顺序、位置、朝向摆放商品的序列决策问题，运用 DRL 方法优化物品的放入顺序，同时模型预测需要的时间在毫秒级左右，取代了启发式求解，在很大限度上降低了仓内库工的等待时间。

再比如，当前研发热情空前高涨的无人驾驶领域，在感知层面，随着智能传感器的升级换代，ADAS 的大量部署和数据的采集、算力的提升，感知本身在可见的将来不会是主要的瓶颈；而如何根据感知结果实现最优化控制，也就是决策算法将会是核心竞争力的体现。单存依赖深度学习建立的智能化系统失去了透明性和可解释性，仅仅依赖的是概率推理，也就是相关性，而非因果推断，而任何基于相关性作出的决策是很难保证稳定性和可靠性的。而因果推断的一个典型范例可以建立在基于强化学习的决策框架之上，它把一个决策问题当作是一个决策系统与它所处环境的博弈，这个系统需要连续做决策，优化的是长期累积收益。而众所周知的是，强化学习是一个基于 trial and error 的试错机制与环境交互，并基于收集到的数据不断改进自己的决策机制来最大化长期奖励，但是很难想象在实际无人驾驶场景中去做大量 trial，那样的代价是无法承受的。因此，我们需要思考构建一个物理环境的平行世界，来模拟路况的仿真环境，通过强化学习来做虚拟运行，获得最优的决策模型，并且还将产生大量的模拟数据，这对决策算法的成熟至关重要。很高兴也看到了本书中的第 5 章虚拟淘宝的研究，建立了一个与真实购物体系的平行宇宙，相信这样的工作对于去探索一个平台性电商的机制性研究都会有极大的参考价值。

强化学习算法是以优化预先指定的奖励函数为中心的，这些奖励函数类似于机器学习中的成本函数，而强化学习算法就是一种优化方法。由于某些算法特别容易受到奖励尺度和环境动力学（Environment Dynamics）的影响，我们更需要强调强化学习算法在现实任务中的适应性，就像成本优化（Cost-Optimization）方法那样。在思考运用强化学习解决问题的时候，需要试图回答这样的问题：哪些设定使该研究有用？在研究社区中，我们必须使用公平的对比，以确保结果是可控的和可复现的。衷心地鼓励所有的业界同仁们带着好奇心、敬畏心，持续推动强化学习方向在实际应用领域的开花结果。

徐盈辉　阿里巴巴研究员，菜鸟人工智能部负责人

推荐序三

2018 年 7 月，在国际机器学习会议 ICML'18 上，"强化学习"占据 17 个 session，超越"深度学习"，成为唯一贯穿主会 3 天日程的主题；在国际人工智能联合大会 IJCAI'18 上，以强化学习为题的论文较上一年增长超过 50%；在国际智能体与多智能体会议 AAMAS'18 上，"学习"session 由上一年的 1 个增长为 4 个；国内，2018 年 8 月，在智能体及多智能体系统专题论坛上，数百人的会场座无虚席。种种迹象表明，强化学习近来已成为人工智能、机器学习中最受关注的研究方向之一。

然而，就在几年前还是另一番景象。2011 年我在导师周志华教授的指导下以演化计算理论基础为题取得博士学位，继而在周志华教授的指引下选择新的研究方向。强化学习希望赋予机器自主决策的能力，是富有挑战而在通向人工智能的道路上必不可少的一环，同时从技术上与我博士生期间的主要研究方向也有关联。切换到强化学习研究的想法，立即得到了周志华教授的肯定和支持。后续研究工作的开展，也得到了在这一方向上长期耕耘的南京大学高阳教授的支持和帮助。然而在几年前，寻找强化学习合作研究的学生时，我常常需要回答"强化学习在企业中有用吗"之类的问题，左思右想，最后只能尴尬的回应，"嗯，目前暂时可能用得很少"。其实，"用得很少"在当时已经是夸大的说法了，尤其是对于同学们最感兴趣的互联网企业。幸运的是，对"冷门"的强化学习，仍然有同学有兴趣合作，其中笪庆同学后来成为阿里强化学习技术应用的主力之一。

人工智能技术最终是面向应用的技术，"用得很少"对一个研究方向的发展无疑会产生严重的制约。所幸 2016 年，DeepMind 的 AlphaGo 系统借助强化学习技术达到的围棋水平超越人类职业选手，掀起了人工智能的新一轮热潮，也引发了对强化学习技术的广泛关注。然而，强化学习技术仍然很不成熟，在实际问题中应用面临很高的门槛，以至于最近有一些指责强化学习存在"泡沫"的声音。虚远大于实才会形成"泡沫"，而本书介绍的强化学习在阿里巴巴业务场景中的实践，就是强化学习可以切实落地的初步展示。其中，"虚拟淘宝"等工作也是我们与青峰、仁重团队合作，为解决强化学习落地过程中的障碍而进行的尝试。我们相信强化学习，这种被 DeepMind 认为是通向通用人工智能愿景的主要技术，在企业应用的支撑下会有更加蓬勃的发展生机，将会深刻地影响和改变人类社会。

俞扬
于南京大学
2018 年 9 月 15 日

推荐语

　　强化学习是关于智能体在与环境交互中学习序列决策策略的机器学习问题，将会在人工智能领域中发挥越来越重要的作用。由于学习难度高等原因，强化学习的应用大多局限于游戏等虚拟世界，在现实世界中的成功案例并不多见。阿里巴巴集团的同仁们将强化学习技术应用到搜索、推荐、广告、客服等业务上，并取得了很大的成功，令人钦佩，值得大家学习和借鉴。相信这部专著对关注强化学习技术的人都将大有裨益。

李航　今日头条人工智能实验室主任

　　强化学习，尤其是基于深度神经网络值函数的强化学习算法框架，在博弈等领域取得了举世瞩目的进展。然而，如何把这些基础算法框架应用到商业场景中，对问题建模和算法设计本身都提出了较高的要求和挑战。本书针对阿里的几个基础场景：搜索、推荐、广告，提出了一套基于深度学习和多智能体建模的通用强化学习算法框架，并针对每个场景提出了些新的设计和创新，并在阿里数据集上验证了算法效果，是行业内世界前沿的强化学习及应用参考书。

唐平中　清华大学交叉信息研究院副教授，
计算经济学研究室主任，中组部"千人计划"青年人才

目 录

第 1 章 强化学习基础 1

- 1.1 引言 2
- 1.2 起源和发展 3
- 1.3 问题建模 5
- 1.4 常见强化学习算法 8
  - 1.4.1 基于值函数的方法 9
  - 1.4.2 基于直接策略搜索的方法 12
- 1.5 总结 14

第 2 章 基于强化学习的实时搜索排序策略调控 15

- 2.1 研究背景 16
- 2.2 问题建模 17
  - 2.2.1 状态定义 17
  - 2.2.2 奖赏函数设计 18
- 2.3 算法设计 19
  - 2.3.1 策略函数 19
  - 2.3.2 策略梯度 20
  - 2.3.3 值函数的学习 21

  2.4 奖赏塑形 22
  2.5 实验效果 25
  2.6 DDPG 与梯度融合 27
  2.7 总结与展望 28

第 3 章　延迟奖赏在搜索排序场景中的作用分析 30
  3.1 研究背景 31
  3.2 搜索交互建模 31
  3.3 数据统计分析 33
  3.4 搜索排序问题形式化 36
    3.4.1 搜索排序问题建模 36
    3.4.2 搜索会话马尔可夫决策过程 38
    3.4.3 奖赏函数 39
  3.5 理论分析 40
    3.5.1 马尔可夫性质 40
    3.5.2 折扣率 41
  3.6 算法设计 44
  3.7 实验与分析 48
    3.7.1 模拟实验 48
    3.7.2 搜索排序应用 51

第 4 章　基于多智能体强化学习的多场景联合优化 54
  4.1 研究背景 55
  4.2 问题建模 57
    4.2.1 相关背景简介 57
    4.2.2 建模方法 58
  4.3 算法应用 65
    4.3.1 搜索与电商平台 65
    4.3.2 多排序场景协同优化 66

4.4 实验与分析 ... 69
4.4.1 实验设置 ... 69
4.4.2 对比基准 ... 70
4.4.3 实验结果 ... 70
4.4.4 在线示例 ... 73
4.5 总结与展望 ... 75

第 5 章 虚拟淘宝 ... 76
5.1 研究背景 ... 77
5.2 问题描述 ... 79
5.3 虚拟化淘宝 ... 80
5.3.1 用户生成策略 ... 81
5.3.2 用户模仿策略 ... 83
5.4 实验与分析 ... 85
5.4.1 实验设置 ... 85
5.4.2 虚拟淘宝与真实淘宝对比 ... 85
5.4.3 虚拟淘宝中的强化学习 ... 87
5.5 总结与展望 ... 90

第 6 章 组合优化视角下基于强化学习的精准定向广告 OCPC 业务优化 ... 92
6.1 研究背景 ... 93
6.2 问题建模 ... 94
6.2.1 奖赏设计 ... 94
6.2.2 动作定义 ... 94
6.2.3 状态定义 ... 95
6.3 模型选择 ... 100
6.4 探索学习 ... 102
6.5 业务实战 ... 103

   6.5.1 系统设计 103
   6.5.2 奖赏设计 105
   6.5.3 实验效果 106
  6.6 总结与展望 106

第 7 章　策略优化方法在搜索广告排序和竞价机制中的应用 . 108

  7.1 研究背景 109
  7.2 数学模型和优化方法 110
  7.3 排序公式设计 112
  7.4 系统简介 113
   7.4.1 离线仿真模块 114
   7.4.2 离线训练初始化 114
  7.5 在线策略优化 117
  7.6 实验与分析 118
  7.7 总结与展望 120

第 8 章　TaskBot——阿里小蜜的任务型问答技术 121

  8.1 研究背景 122
  8.2 模型设计 123
   8.2.1 意图网络 123
   8.2.2 信念跟踪 124
   8.2.3 策略网络 124
  8.3 业务应用 126
  8.4 总结与展望 127

第 9 章　DRL 导购——阿里小蜜的多轮标签推荐技术 128

  9.1 研究背景 129

9.2 算法框架 ... 130
9.3 深度强化学习模型 ... 133
    9.3.1 强化学习模块 ... 133
    9.3.2 模型融合 ... 134
9.4 业务应用 ... 135
9.5 总结与展望 ... 136

第10章 Robust DQN 在淘宝锦囊推荐系统中的应用 ... 137

10.1 研究背景 ... 138
10.2 Robust DQN 算法 ... 140
    10.2.1 分层采样方法 ... 140
    10.2.2 基于分层采样的经验池 ... 141
    10.2.3 近似遗憾奖赏 ... 142
    10.2.4 Robust DQN 算法 ... 143
10.3 Robust DQN 算法在淘宝锦囊上的应用 ... 144
    10.3.1 系统架构 ... 144
    10.3.2 问题建模 ... 145
10.4 实验与分析 ... 147
    10.4.1 实验设置 ... 148
    10.4.2 实验结果 ... 148
10.5 总结与展望 ... 152

第11章 基于上下文因子选择的商业搜索引擎性能优化 ... 153

11.1 研究背景 ... 154
11.2 排序因子和排序函数 ... 156
11.3 相关工作 ... 157
11.4 排序中基于上下文的因子选择 ... 158
11.5 RankCFS：一种强化学习方法 ... 162
    11.5.1 CFS 问题的 MDP 建模 ... 162

  11.5.2 状态与奖赏的设计 163
  11.5.3 策略的学习 165
 11.6 实验与分析 166
  11.6.1 离线对比 167
  11.6.2 在线运行环境的评价 170
  11.6.3 双 11 评价 171
 11.7 总结与展望 172

第 12 章 基于深度强化学习求解一类新型三维装箱问题 173

 12.1 研究背景 174
 12.2 问题建模 175
 12.3 深度强化学习方法 177
  12.3.1 网络结构 178
  12.3.2 基于策略的强化学习方法 179
  12.3.3 基准值的更新 180
  12.3.4 随机采样与集束搜索 180
 12.4 实验与分析 181
 12.5 小结 182

第 13 章 基于强化学习的分层流量调控 183

 13.1 研究背景 184
 13.2 基于动态动作区间的 DDPG 算法 186
 13.3 实验效果 189
 13.4 总结与展望 189

第 14 章 风险商品流量调控 190

 14.1 研究背景 191

14.2 基于强化学习的问题建模 192
    14.2.1 状态空间的定义 192
    14.2.2 动作空间的定义 193
    14.2.3 奖赏函数的定义 193
    14.2.4 模型选择 194
    14.2.5 奖赏函数归一化 196
14.3 流量调控系统架构 196
14.4 实验效果 197
14.5 总结与展望 197

参考文献 199

第 1 章

强化学习基础

1.1 引言

机器学习是研究如何让计算机系统根据以往的经验来改善系统自身的性能的学问[86]。它是一个多学科交叉的产物，吸取了人工智能、概率统计、神经生物学、认知科学、信息论、控制论、计算复杂性理论、哲学等学科的成果。在传统的机器学习中，学习器通过对大量有标记的训练样本进行学习，据此建立模型用于对未见样本的预测。因此机器学习不需要人类显式地将知识（规则）告诉计算机，也因此被看作人工智能的一个重要实现途径。此外，机器学习也是数据挖掘的重要支撑技术之一，在对大规模数据进行分析和处理具有迫切需求的当今得到了越来越多的关注。

根据反馈信号的不同，机器学习可以进一步分为监督学习、半监督学习、非监督学习和强化学习。

- 在监督学习中，系统通过对带有标记信息的训练样本进行学习，以尽可能准确地预测未知样本的标记信息。
- 在半监督学习中，系统在学习时不仅有带有标记信息的训练样本，还有部分标记未知信息的训练样本。
- 在非监督学习中，系统对没有标记信息的训练样本进行学习，以发现数据中隐藏的结构性知识。
- 在强化学习中，系统从不标记信息，但是会在具有某种反馈信号（即瞬时奖赏）的样本中进行学习，以学到一种从状态到动作的映射来最大化累积奖赏，这里的瞬时奖赏可以看成对系统在某个状态下执行某个动作的评价。

和其他几类机器学习显著不同的一点是，强化学习是从系统本身和环境进行交互而产生的样本及其对应的环境反馈中学习，而且学习的目标不是在独立的测试样本上取到较好的预测效果，而是将在环境中的期望累积奖赏最大化[116]。因此，强化学习更适合系统对环境了解较少的情况，尤其是当人类自己也很难给出正确标记的时候。例如在棋类游戏中，不需要教师显式地告诉智能体每一步棋该怎么走，而是让其通过和环境交互来学习到一个最优策略。这里的环境就是博弈的规则和对手，智能体在每一步选择动作时都要对当前的游戏状态进行感知并且作出行为决策。当游戏分出输赢后，智能体根据"输/赢"这一环境反馈对自身行为策略进行调整，使得在以后的游戏中获得更大的胜率。

由于强化学习框架的广泛适用性，已经被应用在自动控制[2]、调度[136]、金融[23]、网络通信[12]等领域。在认知、神经科学领域，强化学习也有重要研究价值，如 Frank 等人[41]以及 Samejima 等人[86]在 *Science* 上发表的相关论文所示。强化学习也被机器学习领域著名学者、美国机器学习学会前主席 Dietterich 教授列为机器学习的四大研究方向之一。

1.2 起源和发展

强化学习的起源可以追溯到 20 世纪 50 年代，是由两个独立的研究领域同时发展而来的，并最终在 20 世纪 80 年代后期共同形成了现代强化学习的概念：其一是源于心理学领域的对动物模仿行为研究中的**试错学习（Trial and Error Learning）**问题；其二是在工程领域的**最优控制（Optimal Control）**问题。

试错学习问题主要基于 Thorndike 的**效果律（Law of Effect）**[125]，描述的是在同一个情形（状态）下的不同响应（动作）中，那些执行结果符合动物意愿的响应与当前情形的联系会被加强，所以当同样的情形再现时，这些响应也趋向于重现；而那些执行结果违背动物意愿的响应与当前情形的联系会被弱化，所以当同样的情形再现时，这些响应会以较低的概率重现。试错学习启发了人工智能领域早期的研究，其中最有影响力之一的是 Minsky's 在 1961 年发表的名为 *Steps Toward Artificial Intelligence*[85]的论文，系统地讨论强化学习相关的几个核心问题，影响了强化学习领域此后数十年的研究。试错学习还进一步促进了神经网络的产生[143,126]，并推动历史进入了一个将强化学习和监督学习概念混淆的短暂时期，将大量研究力量由强化学习领域引至监督学习领域[24]。这种情况一直持续到 1973 年，Widrow 等人[142]修改了 Widrow 和 Hoff 的 LMS 算法[143]，使得系统可以从失败/成功信号中进行学习，而不是原有的从训练样本中进行学习，从而将"从评价中学习"代替原先的"有教师的学习"，将强化学习和监督学习再次分开。自此之后，试错学习进入了一个快速发展期[64,109]。John Holland 于 1986 年提出了一个真正的强化学习系统——"分类器系统"，影响了许多研究者并最终形成了强化学习的主流研究方向[43,133]。值得一提的是，该强化学习系统中的一个用于演化知识表示的构件后来发展为遗传算法，得到了更广泛的关注。

而另一方面，最优控制问题研究的是设计一种控制器以最小化动态系统在某个时期内关于某个指标的度量值。Richard Bellman 等人在 20 世纪 50 年代中期通过定义动态系统状态和值函数并求解一个函数方程（即 Bellman 方程）来解决该问题，其发展而来的方法，即**动态规划**（Dynamic Programming），也成为运筹学上一个重要的分支[7]。Bellman 进一步将最优控制的离散随机版本抽象为马尔可夫决策过程，奠定了现代强化学习的数学基础，并影响了近半个世纪的强化学习研究。目前为止，大部分主流的强化学习算法都是建立在 Bellman 方程之上的。

强化学习主要通过寻找最优值函数来学习最优的行为策略。早期的强化学习算法利用了 Bellman 公式，采用动态规划的方法来求取最优值函数[116]。然而，这类方法必须依赖精确的环境奖赏函数模型和状态转移模型（统称环境模型），因而更像是求解**规划问题**（Planning）的方法。20 世纪 80 年代末到 90 年代初，研究者们基于**随机逼近的思想**（Stochastic Approximation），提出了不依赖于环境模型的**时间差分学习方法**（Temporal-Difference Learning），这其中包括了经典的 **TD 学习算法**[119]、**SARSA 算法**[103]和 **Q-Learning 算法**[141,140]等。在同一时期，强化学习在理论上的收敛性证明也有了突破性进展[9,120]，将强化学习的研究推向了新的高度。时至今日，强化学习所研究的问题不再仅仅是简单的决策问题，整个领域也发展出了众多的分支，这其中包括**分层强化学习**（Hierarchical Reinforcement Learning）[31,32,42,84]、**关系强化学习**（Relational Reinforcement Learning）[34,36,35]、贝叶斯强化学习（Bayesian Reinforcement Learning）[61,74,129]、强化学习迁移（Transfer Learning in Reinforcement Learning）[123,73,124]、可近似计算强化学习理论（Probably Approximately Correct in MDP）[13,121,45,56,59,113,114]、奖赏塑形（Reward Shaping）[93,66,30,46]，以及近年来热度较高的深度强化学习（Deep Reinforcement Learning）[89, 111, 79, 49, 87, 137, 127, 122]。

总而言之，强化学习的发展道路不是一帆风顺的，其植根于人工智能的核心问题之一（试错学习），却发展借力于本来跟学习无关的最优控制问题，同时又启发了若干监督学习的算法。十多年来，在和强化学习独立发展了几十年后，监督学习在理论和应用中都得到了空前的发展。而反观强化学习，理论上虽然已经有较为坚实的根基，但应用方面却在很长一段时间内局限于简单控制问题。直到 2015 年 Mnih 等人将深度神经网络应用到经典的 Q-Learning 算法中，给强化学习带来一丝曙光。深度神经网络的引入带来了非线性表达能力，使得直接从图像到动作的映射成为可能，但同时也带了学习的不稳定性，为此 Mnih 等人设计了经验池、target Q 网络以及若干保持学习稳定的技巧，最终在 Atari 2600 游戏上达到了人类玩家的水准[89]。

另一个里程碑式的进展是围棋游戏算法 AlphaGo Zero，在无人工经验，只依据自我对弈进行强化学习的前提下，超越了人类顶级选手的水平[111]。随之而来的是一系列深度强化学习算法，例如 A3C，DDPG，TRPO，PPO，ACKTR 等，带来了新的一波研究浪潮。

1.3 问题建模

马尔可夫决策过程（Markov Decision Process，MDP）是强化学习的最基本理论模型[117]。一般地，MDP 可以用一个四元组 $\langle S, A, R, T \rangle$ 表示：

（1）S 为状态空间（State Space），包含了智能体（Agent）可能感知到的所有环境状态。

（2）A 为动作空间（Action Space），包含了智能体在每个状态上可以采取的所有动作。

（3）$R: S \times A \times S \rightarrow R$ 为**奖赏函数**（Reward Function），$R(s,a,s')$ 表示在状态 s 上执行动作 a，并转移到状态 s' 时，智能体从环境获得的奖赏值。

（4）$T: S \times A \times S \rightarrow [0,1]$ 为环境的**状态转移函数**（State Transition Function），$T(s,a,s')$ 表示在状态 s 上执行动作 a 并转移到状态 s' 的概率。

在 MDP 中，智能体和环境之间的交互过程可如图 1.1 所示。智能体感知当前环境状态 s_t，从动作空间 A 中选择动作 a_t 执行；环境接收智能体所选择的动作之后，给予智能体相应的奖赏信号反馈 r_t，并转移到新的环境状态 s_{t+1}，等待智能体作出新的决策。在与环境的交互过程中，智能体的目标是找到一个最优策略 π^*，使得它在任意状态 s 和任意时间步骤 t 下，都能够获得最大的长期累积奖赏，即

$$\pi^* = \operatorname{argmax}_\pi \mathbb{E}_\pi \{\sum_{k=0}^{\infty} \gamma^k r_{t+k} | s_t = s\}, \forall s \in S, \forall t \geqslant 0 \quad (1.1)$$

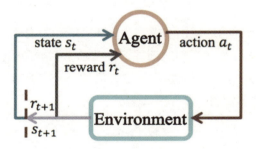

图 1.1　强化学习 Agent 和 Environment 交互

在这里，$\pi: S \times A \rightarrow [0,1]$ 表示智能体的某个策略（即状态到动作的概率分布），$\mathbb{E}_\pi$ 表示策略 π 下的期望值，$\gamma \in [0,1)$ 为**折扣率**（Discount Rate），k 为未来时间步骤，r_{t+k} 表示智能体在时间步骤 $t+k$ 上获得的即时奖赏。当模型中转移概率和瞬时奖赏函数已知时，可以通过经典的基于 Bellman 方程的值迭代[7]或策略迭代[53]进行求解；模型中转移概率和瞬时奖赏函数未知但可以被观察到的情况就是经典的强化学习问题的设置。

对于给定的一个 MDP, 我们可以定义**状态值函数**(State Value Function)

$$V^\pi(s) = \mathbb{E}_\pi\{\sum_{k=0}^{\infty} \gamma^k r_{t+k} | s_t = s\}, \forall s \in S, \forall t \geqslant 0 \quad (1.2)$$

和状态动作值函数(State-Action Value Function)

$$Q^\pi(s,a) = \mathbb{E}_\pi\{\sum_{k=0}^{\infty} \gamma^k r_{t+k} | s_t = s, a_t = a\}, \forall s \in S, \forall a \in A, \forall t \geqslant 0 \quad (1.3)$$

来分别表示从某个状态s开始执行策略π的累积折扣奖赏,以及在某个状态s执行动作a并在后续执行策略π的累积折扣奖赏。可以看到,两者的定义类似,但差别在于输入的信息不同。实际上,我们很容易得到两者之间的转换关系

$$Q^\pi(s,a) = \sum_{s'} P(s'|s,a)(R(s,a,s') + \gamma V^\pi(s')) \quad (1.4)$$

$$V^\pi(s) = \sum_{a} \pi(a|s) Q^\pi(s,a) \quad (1.5)$$

若存在一个最优策略π^*,满足

$$V^{\pi^*}(s) \geqslant V^\pi(s), \forall \pi, \forall s \quad (1.6)$$

则其对应的状态值函数$V^*(s)$也被称为**最优状态值函数**(Optimal State Value Function),其对应的状态动作值函数$Q^*(s,a)$也被称为**最优状态动作值函数**(Optimal State-Action Value Function),且其必定满足

$$V^*(s) \geqslant V^{\pi^*}(s), \forall s \quad (1.7)$$

$$Q^*(s,a) \geqslant Q^{\pi^*}(s,a), \forall s, \forall a \quad (1.8)$$

根据最优性的定义,可以得到

$$V^*(s) = \max_{a} Q^*(s,a) \quad (1.9)$$

将其代入V函数和Q函数的转换公式(1.4)中,就得到了经典的 Bellman 最优方程

$$Q^*(s,a) = \sum_{s'} P(s'|s,a)(R(s,a,s') + \gamma \max_{a'} Q^*(s',a')) \qquad (1.10)$$

$$V^*(s) = \max_a \sum_{s'} P(s'|s,a)(R(s,a,s') + \gamma V^*(s')) \qquad (1.11)$$

该方程中的不动点对应的就是最优值函数，所以当 P 和 R 函数已知时，可以通过如上的迭代得到最优策略。当 P 和 R 函数未知，即属于强化学习的问题设置时，总体而言有两大类方法：一类是基于模型的方法，这些方法通过在环境中尝试搜集转移概率和奖赏函数的观测值，对和进行建模，然后使用传统的 MDP 动态规划算法求解最优策略，这一类的方法包括 PEGASUS[94]、RMAX[14] 和 Fitted R-MAX[55]；另一类是与模型无关的方法，这一类的方法不显式地拟合 P 或 R，而是直接逼近值函数或直接优化策略本身，该方法将在下一小节详细介绍。

1.4 常见强化学习算法

在模型无关的强化学习算法中，算法并不显式地对 P 和 R 进行建模，而是将其隐式地表示在其他模型构件中，通过对这些模型构件进行求解以找到最优策略，其大致可以分为基于值函数的方法和基于直接策略搜索的方法，前者依赖通过估计值函数来得到最优策略，而后者则尝试直接对策略进行参数建模，通过优化某个目标来指导策略参数的更新。这些方法大部分都遵循"策略评估→策略改进"的迭代框架，在每次迭代中，对当前策略 π_t 进行评估：使用当前策略在环境中进行采样，获取轨迹数据，就此数据计算或更新 $Q^{\pi_t}(s,a)$（当然不同的算法，这部分会有所区别，这里以 Q 为例），然后定义新的策略为

$$\pi_{t+1}(s) = \text{argmax}_a Q^{\pi_t}(s,a) \qquad (1.12)$$

不难证明，π_{t+1} 是 π_t 的一个策略改进，即

$$
\begin{aligned}
\forall s, \quad V^{\pi_t}(s) &= \sum_a \pi_t(a|s) Q^{\pi_t}(s,a) \\
&\leqslant Q^{\pi_t}(s, \mathrm{argmax}_a Q^{\pi_t}(s,a)) \\
&= Q^{\pi_t}(s, \pi_{t+1}(s)) \\
&= \sum_{s'} P(s'|s, \pi_{t+1}(s))(R(s, \pi_{t+1}(s), s') + \gamma V^{\pi}(s')) \\
&\leqslant \sum_{s'} P(s'|s, \pi_{t+1}(s))(R(s, \pi_{t+1}(s), s') + \gamma Q^{\pi}(s', \pi_{t+1}(s))) \\
&= \ldots \\
&\leqslant V^{\pi_{t+1}}(s)
\end{aligned}
\quad (1.13)
$$

因此，大部分强化学习算法的更新过程本质上都是在执行式（1.12），只不过其表现形式各不相同。要指出的另一点是，如果用于策略评估的数据是完全使用当前策略 π 来进行采样的，那么策略则很容易陷入局部解。因此在数据采样过程中，需要有效地引入探索，使得智能体有机会执行一些和当前策略不同的动作。而对于某个状态，将同时有可能采样到更优的动作或更差的动作，其带来的判别信息对于后面的策略提升是至关重要的。常用的探索策略有 ϵ-greedy、softmax 和 **UCB（Upper Confidence Bound）**[71]等。

1.4.1 基于值函数的方法

由于在强化学习的设置中，虽然无法直接通过值迭代来计算 Q，但是可以通过蒙特卡罗采样得到累计期望奖赏的一个近似，即

$$
Q^{\pi}(s_t, a_t) = \frac{1}{m} \sum_{i=1}^m R(\tau_i) \quad (1.14)
$$

其中 τ_i 是从 (s_t, a_t) 之后执行策略 π 得到的轨迹数据，$R(\tau_i)$ 是这条轨迹上的累积奖赏，当然这里 m 越大近似越精确，但是如果每一步迭代都进行 m 次轨迹的采样，尤其 m 还需要很大的时候，这在实际中几乎是不可行的，因此一种直接的改进是，每次采样轨迹后，对轨迹中的每一对 s_t 和 a_t 进行增量更新 $Q^{\pi}(s_t, a_t)$。

$$Q(s_t, a_t) = \frac{c(s_t, a_t)Q(s_t, a_t) + R}{c(s_t, a_t) + 1} \quad (1.15)$$

这里$c(s_t, a_t)$是状态动作对(s_t, a_t)的更新次数，于是就得到了经典的**蒙特卡罗强化学习算法**。我们不妨对式（1.15）进行改写，得到其等价更新形式

$$Q(s_t, a_t) = Q(s_t, a_t) + \alpha(R - Q(s_t, a_t)) \quad (1.16)$$

这里$\alpha = \frac{1}{c(s_t, a_t)+1}$。实际上，可以对这个更一般的形式进行修改，$\alpha$可以设置为一个超参数，同时$R$通过当前奖赏和下个状态动作对的值函数之和进行近似，即$R \approx r_t + \gamma Q(s_{t+1}, a_{t+1})$，就得到了著名的**时间差分方法**

$$Q(s_t, a_t) = Q(s_t, a_t) + \alpha(r_t + \gamma Q(s_{t+1}, a_{t+1}) - Q(s_t, a_t)) \quad (1.17)$$

这样一来，不需要运行完整个轨迹，就可以对模型进行更新，但与此同时引出一个新的问题，即a_{t+1}如何选取。一种选择是使用采样轨迹中在下一个状态上实际执行的动作，这样的更新也被称为"on-policy"，对应的就是 **SARSA 算法**[103]，因为其需要记录下一个状态上的实际执行动作，所以其训练数据通常组织为 5 元组$(s_t, a_t, r_t, s_{t+1}, a_{t+1})$，正是其名字的由来。另一种选择是，使用当前策略，为下一个状态计算一个最优动作，即$a_{t+1} = \pi(s_{t+1})$，这样的更新也被称为"off-policy"，对应的就是 **Q-Learning 算法**[141, 140]。

当然，以上更新都是针对离散状态和动作的，实现通常是将值函数用状态空间到动作空间的一张表来表达。然而，在大规模状态/动作空间问题（包括连续状态/动作空间问题）中，值表形式的值函数所需要的存储空间远远超过了现代计算机的硬件条件，使得这些经典的算法不再适用。这也是强化学习中著名的"维度灾难"问题。**值函数估计**（ Value Function Approximation ）是解决维度灾难问题的主要手段之一，其主要思想是将状态值函数或动作值函数进行参数化，将值函数空间转化为参数空间，达到**泛化**（ Generalization ）的目的。同样以Q函数为例，将其参数化建模为$\hat{Q}(s, a|\theta)$。实际上，当我们重新审视式（1.17），不难发现其本质上就是下面目标式的一步随机梯度下降：

$$J = (y_t - Q(s_t, a_t))^2 \qquad (1.18)$$

这里 $y_t = r_t + \gamma Q(s_{t+1}, a_{t+1})$。因此，当参数化 Q 的表示时，可以同样通过最小化

$$J(\theta) = (y_t - Q(s_t, a_t|\theta))^2 \qquad (1.19)$$

来得到参数 θ 的更新公式，即

$$\theta = \theta + \alpha(r_t + \gamma Q(s_{t+1}, a_{t+1}) - Q(s_t, a_t))\nabla_\theta \hat{Q}(s, a|\theta) \qquad (1.20)$$

当 $\hat{Q}(s, a|\theta)$ 是一个神经网络模型时，就得到了经典的 **DQN 算法**更新公式。当然，DQN 原始论文[88]里对 Q-Learning 的改进还远不止此，其提出的经验回放机制可以大幅提高样本的利用率，当然这些都是训练经验上的技巧改进，并没有原理上的突破，但对效果的获得却至关重要①。DQN 后续有很多变种，其中效果提升较大的有 **Double DQN**[127]、**Prioritised replay**[107] 和 **Dueling Network**[138]，对应的主要改动有以下几点。

- Double DQN：在原始 DQN 基础之上，下一个动作改为当前 Q 网络的输出，即 $a_{t+1} = \mathrm{argmax}_a Q(s_{t+1}, a|\theta)$，以解决 Q-Learning 中过度估计的问题。
- Prioritised replay：将经验池修改为带权重的优先队列，其权重设计为 TD error，即 $|r_t + \gamma Q(s_{t+1}, a_{t+1}) - Q(s_t, a_t)|$，核心思想和 boosting 很接近，让模型更关注误差较大的样本。
- Dueling Network：将 Q 网络拆分为 V 网络和 Advantage 网络之和，即 $Q(s, a) = V(s) + A(s, a)$，将区分动作的目标和预估状态值函数剥离开，通过这种剥离可以使得在状态动作空间的泛化性能更好。

---

① 值得指出的是，在深度强化学习训练过程中，类似的技巧非常多，但由于缺乏理论支撑，并没有论文对此进行研究和总结，但读者仍然可以在 John Schulman 在 NIPS16 的报告 *The Nuts and Bolts of Deep RL Research* 中得到启发。

1.4.2 基于直接策略搜索的方法

传统的基于值函数的强化学习算法通过估计一个定义在状态动作对上的值函数，然后直接返回当前状态下最大函数值对应的动作作为策略输出，这有可能会导致所谓的"策略退化"现象[6]。因此，另一类模型无关的强化学习算法，即**直接策略搜索**（Direct Policy Search），尝试直接在策略空间通过监督学习或优化方法寻找一个最优策略去最大化长期累积收益。相应的工作包括模仿学习[4]、策略梯度方法[97]和基于演化算法的强化学习[91]等。其中，相对其他两种方法，策略梯度方法理论更完善，影响更深远，应用更广泛，因此我们将进一步介绍策略梯度方法。

策略梯度方法通过直接在参数空间进行梯度上升去最大化累积期望奖赏，以优化一个带参策略，避免了基于值函数的方法带来的策略退化现象，近年来吸引了越来越多研究者的关注。具体我们对一个参数化的策略π_θ，定义其优化目标为

$$J(\theta) = \int_\tau p_\theta(\tau) R(\tau) \mathrm{d}\tau \quad （1.21）$$

实际上，式（1.21）同之前的目标并无区别，只是表达成了在轨迹τ上累积奖赏的期望，其中$p_\theta(\tau)$是策略π_θ产生轨迹τ的概率，即

$$p_\theta(\tau) = p(s_0) \prod_{i=0}^{T-1} p(s_{i+1}|a_i, s_i) \pi_\theta(a_i|s_i) \quad （1.22）$$

而$R(\tau)$则对应这样一条轨迹对应的这个累积奖赏。由

$$\nabla_\theta p_\theta(\tau) = p_\theta(\tau) \nabla_\theta \log p_\theta(\tau) \quad （1.23）$$

可以得到目标J对参数θ的导数为

$$\nabla_\theta J = \int_\tau p_\theta(\tau) \nabla_\theta \log p_\theta(\tau) R(\tau) \mathrm{d}\tau \quad （1.24）$$

不难看出，式（1.24）仍然是一个期望，我们可以通过采样的方式，即通过执行策略π_θ，采集到$\tau \sim p_\theta(\tau)$，通过采样来近似地计算期望

$$\nabla_\theta J = \mathbb{E}_{\tau \sim p_\theta(\tau)} \nabla_\theta \log p_\theta(\tau) R(\tau) \qquad (1.25)$$

其中，$\nabla_\theta \log p_\theta(\tau)$ 可以进一步展开为

$$\begin{aligned}\nabla_\theta \log p_\theta(\tau) &= \nabla_\theta(\log p(s_0) + \sum_{i=0}^{T-1}(\log \pi_\theta(a_i|s_i) + \log p(s_{i+1}|a_i, s_i))) \\ &= \sum_{i=0}^{T-1} \nabla_\theta \log \pi_\theta(a_i|s_i)\end{aligned} \qquad (1.26)$$

于是就得到了经典的 **REINFORCE 算法**[144]的梯度更新公式

$$\nabla_\theta J(\theta) = \mathbb{E}_{\tau \sim p_\theta(\tau)}[\sum_{i=0}^{T-1} \nabla_\theta \log \pi_\theta(a_i|s_i) R(\tau)] \qquad (1.27)$$

对于 J 的另一种等价表达，即 $J(\theta) = \int_S d^{\pi_\theta}(s) \int_A \pi_\theta(a|s) Q^{\pi_\theta}(s,a) ds da$，可以得到类似的梯度

$$\nabla_\theta J(\theta) = \mathbb{E}_{s \sim d^{\pi_\theta}(s), a \sim \pi_\theta}[\nabla_\theta \log \pi_\theta(a|s) Q^{\pi_\theta}(s,a)] \qquad (1.28)$$

这里 $d^{\pi_\theta}(s)$ 是状态在策略 π_θ 下的稳定分布，而状态动作值函数 $Q^{\pi_\theta}(s,a)$ 则可以使用值函数方法中提到的函数估计 $\hat{Q}(s,a|w)$ 来近似，其中 w 是 Q 网络的参数，于是就得到了 **Actor-Critic** 方法，其和 REINFORCE 算法的一个显著区别是，增加了一个 Q 网络，用于评估状态-动作对。这类方法同时对策略和值函数进行建模，通过值函数的估计，辅助策略函数的更新。在这个过程中，值函数也被称为"评论家"（Critic），策略函数则被称为"演员"（Actor），这也是其名字的由来。如果我们用 advantage 函数 A 来替代 Q，就得到了 **Advantage Actor-Critic 算法**，其异步并行版本就是经典的 **A3C**（**Asynchronous Advantage Actor-Critic**）**算法**[87]。

以上针对的都是随机策略，即对状态下不同动作的选取概率进行建模。与此不同的是，我们也可以选择确定性策略，即让策略函数直接输出动作本身，即 $a = \mu(s|\theta)$。一般而言，确定性策略更适合对连续动作进行建模（在动作 a 处存在偏导），而且相对于随机策略，其收敛需要的样本要更少。可以证明，对于这样的确定性策略，存在类似的策略梯度

$$\nabla_\theta J(\theta) = \mathbb{E}_{s_t \sim d^{\pi_\theta(s)}}[\nabla_a Q(s,a|w)|_{s=a_t,a=\mu(s_t)} \nabla_\theta \mu(s|\theta)|_{s=s_t}] \quad (1.29)$$

于是就得到了 DPG（Deterministic Policy Gradient）算法[110]。这实际上可以看作下面式中最大化目标的一步梯度上升

$$\max_\theta Q(s,\mu(s|\theta)|w) = \max_a Q(s,a|w) \quad (1.30)$$

因此是可以导致策略改进的，而其深度神经网络表示的版本就是著名的 **DDPG（Deep Deterministic Policy Gradient）算法**[79]，DDPG 算法将 Actor 和 Critic 模型使用神经网络表示，并在此基础上，增加了类似 DQN 中的目标网络，以提高训练的稳定性。

1.5 总结

随着半个多世纪的发展，强化学习已经发展出了大量的理论和算法，尤其是近年来随着深度强化学习的兴起，更新、更优的算法层出不穷，在这样的背景下，用一个小章节来介绍强化学习基础并非易事。本章尝试梳理了其大致的脉络，通过简单扼要的推导，介绍了一些经典理论和算法，当然很多地方也只能浅尝辄止，更多细节还烦请读者参考文中给出的引用论文。

第 2 章
基于强化学习的实时搜索排序策略调控

2.1 研究背景

淘宝的搜索引擎涉及对上亿商品的毫秒级处理响应，而淘宝的用户不仅数量巨大，其行为特点及其对商品的偏好也具有丰富性和多样性。因此，要让搜索引擎对不同特点的用户作出有针对性的排序，并以此带动搜索引导的成交提升，是一个极具挑战性的问题。传统的 LTR（Learning To Rank）方法主要是在商品维度进行学习，根据商品的点击、成交数据构造学习样本，回归出排序权重。尽管基于上下文的 LTR 方法可以根据用户的上下文信息对不同的用户给出不同的排序结果，但它没有考虑用户搜索商品是一个连续的过程。这一连续过程的不同阶段之间不是孤立的，而是有着紧密联系的。换言之，用户最终选择购买或不购买商品，不是由某一次搜索排序所决定的，而是一连串搜索排序的结果。

实际上，如果把搜索引擎看作智能体（Agent）、把用户看作环境（Environment），则商品的搜索问题可以被视为典型的**顺序决策问题**（Sequential Decision-making Problem）。

（1）用户每次请求页面展示（PV，Page View）时，Agent 作出相应的排序决策，将商品展示给用户。

（2）用户根据 Agent 的排序结果，给出点击、翻页等反馈信号。

（3）Agent 接收反馈信号，在新的 PV 请求时作出新的排序决策。

（4）这样的过程将一直持续下去，直到用户购买商品或者退出搜索。

以**前向视角**（Forward View）来看，用户在每个 PV 中的上下文状态与之前所有 PV 中的上下文状态和 Agent 的行为有着必然因果关系。同一个 PV 中 Agent 采取的不同排序策略将使得搜索过程朝不同的方向演进；反过来，以**后向视角**（Backward View）来看，在遇到相同的上下文状态时，Agent 就可以根据历史演进的结果对排序策略进行调整，将用户引导到更有利于成交的 PV 中去。Agent 每一次进行策略的选择可以看成一次试错，在这种反复不断试错的过程中，Agent 将逐步学习到最优的排序策略。而这种在与环境交互的过程中进行试错的学习，正是强化学习的根本思想。

我们尝试将强化学习方法引入商品的搜索排序中，以优化用户在整个搜索过程中的收益为目标，根据用户实时行为反馈进行学习，实现商品排序的实时调控。图 2.1 比较直观地展示了用强化学习来优化搜索排序的过程，在三次 PV 请求之间，Agent 作出了两次排序决策（a_1和a_2），从而引导了两次 PV 展示。从效果上来看，a_1 对应 PV 中并没有发生商品点击，而 a_2 对应 PV 上发生了 3 次商品点击。如果将商品点击看成对排序策略的反馈信号，那么 Agent 第二次执行的排序策略 a_2 将得到正向的强化激励，而其第一次排序策略 a_1 得到的激励为零。本章接下来将对具体的方案进行详细介绍。

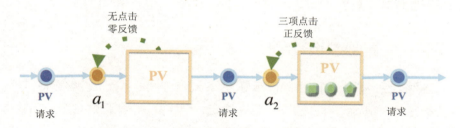

图 2.1　搜索的序列决策模型

2.2　问题建模

2.2.1　状态定义

在我们的方案中，用户被视为响应 Agent 动作的环境，Agent 需要感知环境状态进行决策。因此，如何定义环境状态使其能够准确反映用户对商品的偏好是首要问题。假设用户在搜索的过程中倾向于点击他感兴趣的商品，并且较少点击他不感兴趣的商品，基于这个假设，我们将用户的历史点击行为作为抽取状态特征的数据来源。具体地，在每一个 PV 请求发生时，把用户在最近一段时间内点击的商品的特征（包括价格、转化率、销量等）作为当前 Agent 感知到的状态，令 s 代表状态，则有

$$s = (\text{price}_1, \text{cvr}_1, \text{sale}_1, \ldots, \text{price}_n, \text{cvr}_n, \text{sale}_n) \quad (2.1)$$

其中，n 表示历史点击商品的个数，为可变参数，price_i、cvr_i、sale_i 分别代表商品 i（$0 \leq i \leq n$）的价格、转化率和销量。另外，为了区别不同群体的用户，我们还将用户的长期特征加入到了状态的定义中，最终的状态定义为

$$s = (\text{price}_1, \text{cvr}_1, \text{sale}_1, \ldots, \text{price}_n, \text{cvr}_n, \text{sale}_n, \text{power}, \text{item}, \text{shop}) \quad (2.2)$$

其中，power、item 和 shop 分别代表用户的购买力、偏好商品，以及偏好店铺特征。在具体算法实现时，由于状态特征不同维度的尺度不一样，我们会将所有维度的特征值归一化到 [0,1] 区间，再进行后续处理。

2.2.2 奖赏函数设计

当状态空间 S 和动作空间 A 确定好之后（动作空间即 Agent 能够选择排序策略的空间），状态转移函数 T 也随即确定，但奖赏函数 R 仍然是个未知数。奖赏函数 R 定义的是状态与动作之间的数值关系，而我们要解决的问题并非是一个天然存在的 MDP，这样的数值关系并不存在。因此，另一个重要的步骤是把我们要达到的目标（如提高点击率，提高 GMV 等）转化为具体的奖赏函数 R，在学习过程中引导 Agent 完成我们的目标。

幸运的是，这样的转化在我们的场景中并不复杂。如前所述，Agent 给出商品排序，用户根据排序的结果进行的浏览、商品点击或购买等行为都可以看成对 Agent 的排序策略的直接反馈。我们采取的奖赏函数定义规则如下：

（1）在一个 PV 中如果仅发生商品点击，则相应的奖赏值为用户点击的商品的数量。

（2）在一个 PV 中如果发生商品购买，则相应奖赏值为被购买商品的价格。

（3）其他情况下，奖赏值为 0。

从直观上来理解，第一条规则表达的是提高 CTR 这一目标，而第二条规则表达的则是提高 GMV。在 2.4 节中，我们将利用奖赏塑形方法对奖赏函数的表达进行丰富，提高不同排序策略在反馈信号上的区分度。

2.3 算法设计

2.3.1 策略函数

在搜索场景中，排序策略实际上是一组权重向量，我们用 $\mu = (\mu_1, \mu_2, \ldots, \mu_m)$ 来表示。每个商品最终的排列顺序是由其特征分数和排序权重向量 μ 的内积所决定的。一个排序权重向量是 Agent 的一个动作，那么排序权重向量的欧式空间就是 Agent 的动作空间。根据对状态的定义可知，状态空间也是连续的数值空间。因此，我们面临的问题是在两个连续的数值空间中学习出最优的映射关系。

策略逼近（Policy Approximation） 方法是解决连续状态/动作空间问题的有效方法之一。其主要思想和值函数估计方法类似，即用参数化的函数对策略进行表达，通过优化参数来完成策略的学习。通常，这种参数化的策略函数被称为 Actor。我们采用确定性策略梯度算法[110]来进行排序的实时调控优化。在该算法中，Actor 的输出是一个确定性的策略（即某个动作），而非一个随机策略（即动作的概率分布）。对于连续动作空间问题，确定性策略函数反而让**策略改进（Policy Improvement）**变得更加方便了，因为贪心求最优动作可以直接由函数输出。

我们采用的 Actor 以状态的特征为输入，以最终生效的排序权重分为输出。假设我们一共调控 m（$m \geqslant 0$）个维度的排序权重，对于任意状态 $s \in S$，Actor 对应的输出为

$$\boldsymbol{\mu_\theta}(s) = (\boldsymbol{\mu_\theta^1}(s), \boldsymbol{\mu_\theta^2}(s), \dots, \boldsymbol{\mu_\theta^m}(s)) \quad (2.3)$$

式中，$\boldsymbol{\theta} = (\boldsymbol{\theta}_1, \boldsymbol{\theta}_2, \dots, \boldsymbol{\theta}_m)$ 为 Actor 的参数向量，对于任意 $i(1 \leqslant i \leqslant m)$，$\boldsymbol{\mu_\theta^i}(s)$ 为第 i 维的排序权重分，具体地有

$$\boldsymbol{\mu_\theta^i} = \frac{C_i \exp(\boldsymbol{\theta}_i^\top \boldsymbol{\phi}(s))}{\sum_{j=1}^m \exp(\boldsymbol{\theta}_j^\top \boldsymbol{\phi}(s))} \quad (2.4)$$

在这里，$\boldsymbol{\phi}(s)$ 为状态 s 的特征向量，$\boldsymbol{\theta}_1, \boldsymbol{\theta}_2, \dots, \boldsymbol{\theta}_m$ 均为长度与 $\boldsymbol{\phi}(s)$ 相等的向量，C_i 为第 i 维排序权重分的常数，用来对其量级进行控制（不同维度的排序权重分会有不同的量级）。

2.3.2 策略梯度

回顾一下，强化学习的目标是最大化任意状态 s 上的长期累积奖赏（参考对 V^* 和 Q^* 的定义）。实际上，我们可以用一个更一般的形式来表达这一目标，即

$$\begin{aligned} J(\boldsymbol{\mu_\theta}) &= \int_S \int_S \sum_{t=1}^\infty \gamma^{t-1} p_0(s') T(s', \boldsymbol{\mu_\theta}(s'), s) R(s, \boldsymbol{\mu_\theta}(s)) \, \mathrm{d}s' \, \mathrm{d}s \\ &= \int_S \rho^\mu(s) R(s, \boldsymbol{\mu_\theta}) \, \mathrm{d}s \\ &= \mathbb{E}_{s \sim \rho^\mu}[R(s, \boldsymbol{\mu_\theta}(s))] \end{aligned} \quad (2.5)$$

其中，$\rho^\mu(s) = \int_S \sum_{t=1}^\infty \gamma^{t-1} p_0(s') T(s', \boldsymbol{\mu_\theta}(s'), s) \, \mathrm{d}s'$ 表示状态 s 在一直持续的学习过程中被访问的概率，p_0 为初始时刻的状态分布，T 为环境的状态转移函数。不难推测，$J(\boldsymbol{\mu_\theta})$ 实际上表达的是在确定性策略 $\boldsymbol{\mu_\theta}$ 的作用下，Agent 在所有状态上所能获得的长期累积奖赏期望之和。通俗地讲，也就是智能体在学习过程中得到的所有奖赏值。

显然，为了最大化 $J(\boldsymbol{\mu_\theta})$，我们需要求得 $J(\boldsymbol{\mu_\theta})$ 关于参数 $\boldsymbol{\theta}$ 的梯度，让 $\boldsymbol{\theta}$ 往梯度方向进行更新。根据策略梯度定理（Policy Gradient Theorem）[118]，$J(\boldsymbol{\mu_\theta})$ 关于 $\boldsymbol{\theta}$ 的梯度为

$$(2.6)$$

$$\nabla_{\boldsymbol{\theta}} J(\boldsymbol{\mu_\theta}) = \int_S \rho^\mu(s) \nabla_{\boldsymbol{\theta}} \boldsymbol{\mu_\theta}(s) \nabla_a Q^\mu(s,a)|a = \boldsymbol{\mu_\theta}(s)\, \mathrm{d}s$$
$$= \mathbb{E}_{s \sim \rho^\mu}[\nabla_{\boldsymbol{\theta}} \boldsymbol{\mu_\theta}(s) \nabla_a Q^\mu(s,a)|a = \boldsymbol{\mu_\theta}(s)]$$

其中，$Q^\mu(s,a)$为策略$\boldsymbol{\mu_\theta}$下状态动作对（State-Action Pair）(s,a)对应的长期累积奖赏。因此，参数$\boldsymbol{\theta}$的更新公式可以写为

$$\boldsymbol{\theta}_{t+1} \leftarrow \boldsymbol{\theta}_t + \alpha_{\boldsymbol{\theta}} \nabla_{\boldsymbol{\theta}} \boldsymbol{\mu_\theta}(s) \nabla_a Q^\mu(s,a)|a = \boldsymbol{\mu_\theta}(s) \quad (2.7)$$

在这个公式中，$\alpha_{\boldsymbol{\theta}}$为学习率，$\nabla_{\boldsymbol{\theta}} \boldsymbol{\mu_\theta}(s)$为一个 Jacobian Matrix，能够很容易地算出来，但麻烦的是$Q^\mu(s,a)$及其梯度$\nabla_a Q^\mu(s,a)$的计算。因为s和a都是连续的数值，我们无法精确获取$Q^\mu(s,a)$的值，只能通过值函数估计方法进行近似计算。我们采用**线性函数估计方法**（Linear Function Approximation，LFA），将Q函数用参数向量$\boldsymbol{w}$进行表达

$$Q^\mu(s,a) \approx Q^{\boldsymbol{w}}(s,a) = \boldsymbol{\phi}(s,a)^\top \boldsymbol{w} \quad (2.8)$$

在这里，$\boldsymbol{\phi}(s,a)$为状态动作对(s,a)的特征向量。采用线性值函数估计的好处不仅在于它的计算量小，更重要的是它能让我们找到合适的$\boldsymbol{\phi}(s,a)$的表达，使得$\nabla_a Q^{\boldsymbol{w}}(s,a)$可以作为$\nabla_a Q^\mu(s,a)$的无偏估计。一个合适的选择是令$\boldsymbol{\phi}(s,a) = a^\top \nabla_{\boldsymbol{\theta}} \boldsymbol{\mu_\theta}(s)$，则可以得到

$$\nabla_a Q^\mu(s,a) \approx \nabla_a Q^{\boldsymbol{w}}(s,a) = \nabla_a (a^\top \nabla_{\boldsymbol{\theta}} \boldsymbol{\mu_\theta}(s))^\top \boldsymbol{w} = \nabla_{\boldsymbol{\theta}} \boldsymbol{\mu_\theta}(s)^\top \boldsymbol{w} \quad (2.9)$$

因此，策略函数的参数向量$\boldsymbol{\theta}$的更新公式可以写为

$$\boldsymbol{\theta}_{t+1} \leftarrow \boldsymbol{\theta}_t + \alpha_{\boldsymbol{\theta}} \nabla_{\boldsymbol{\theta}} \boldsymbol{\mu_\theta}(s)(\nabla_{\boldsymbol{\theta}} \boldsymbol{\mu_\theta}(s)^\top \boldsymbol{w}) \quad (2.10)$$

2.3.3 值函数的学习

在更新策略函数$\boldsymbol{\mu_\theta}$的参数向量$\boldsymbol{\theta}$的同时，值函数$Q^{\boldsymbol{w}}$的参数向量$\boldsymbol{w}$也需要进行更新。最简单地，$\boldsymbol{w}$的更新可以参照 Q-Learning 算法[4, 5]的线性函数估计版本进行，对于样本(s_t, a_t, r_t, s_{t+1})，有

$$\begin{aligned}
\delta_{t+1} &= r_t + \gamma Q^{\boldsymbol{w}}(s_{t+1}, \boldsymbol{\mu_\theta}(s_{t+1})) - Q^{\boldsymbol{w}}(s_t, a_t) \\
&= r_t + \boldsymbol{w}_t^\top(\gamma \boldsymbol{\phi}(s_{t+1}, \boldsymbol{\mu_\theta}(s_{t+1})) - \boldsymbol{\phi}(s_t, a_t)) \\
\boldsymbol{w}_{t+1} &= \boldsymbol{w}_t + \alpha_w \delta_{t+1} \boldsymbol{\phi}(s_t, a_t) \\
&= \boldsymbol{w}_t + \alpha_w \delta_{t+1}(a_t^\top \nabla_{\boldsymbol{\theta}} \boldsymbol{\mu_\theta}(s_t))
\end{aligned} \quad (2.11)$$

其中，s_t、a_t、r_t 和 s_{t+1} 为 Agent 在 t 时刻感知的状态、所做的动作、从环境获得的奖赏反馈和在 $t+1$ 时刻感知的状态，δ_{t+1} 被称作**差分误差**（Temporal-Difference Error），α_w 为 $\boldsymbol{w}$ 的学习率。

需注意的是，Q-Learning 的线性函数估计版本并不能保证一定收敛。并且，在大规模动作空间问题中，线性形式的 Q 函数较难在整个值函数空间范围中精确地估计每一个状态动作对的值。一个优化的办法是**引入优势函数**（Advantage Function），将 Q 函数用状态值函数 $V(s)$ 和优势函数 $A(s,a)$ 的和进行表达。我们用 $V(s)$ 从全局角度估计状态 s 的值，用 $A(s,a)$ 从局部角度估计动作 a 在状态 s 中相对于其他动作的优势。具体地有

$$Q(s,a) = A^{\boldsymbol{w}}(s,a) + V^{\boldsymbol{v}}(s) = (a - \boldsymbol{\mu_\theta}(s))^\top \nabla_{\boldsymbol{\theta}} \boldsymbol{\mu_\theta}(s)^\top \boldsymbol{w} + \boldsymbol{\phi}(s)^\top \boldsymbol{v} \quad (2.12)$$

在这里，$\boldsymbol{w}$ 和 $\boldsymbol{v}$ 分别为 A 和 V 的参数向量。最后，我们将所有参数 $\boldsymbol{\theta}$、$\boldsymbol{w}$ 和 $\boldsymbol{v}$ 的更新方式总结如下：

$$\begin{aligned}
\delta_{t+1} &= r_t + \gamma Q(s_{t+1}, \boldsymbol{\mu_\theta}(s_{t+1})) - Q(s_t, a_t) \\
&= r_t + \gamma \boldsymbol{\phi}(s_{t+1})^\top \boldsymbol{v}_t - ((a_t - \boldsymbol{\mu_\theta}(s_t))^\top \nabla_{\boldsymbol{\theta}} \boldsymbol{\mu_\theta}(s_t)^\top \boldsymbol{w}_t + \boldsymbol{\phi}(s_t)^\top \boldsymbol{v}_t) \\
\boldsymbol{\theta}_{t+1} &= \boldsymbol{\theta}_t + \alpha_{\boldsymbol{\theta}} \nabla_{\boldsymbol{\theta}} \boldsymbol{\mu_\theta}(s_t)(\nabla_{\boldsymbol{\theta}} \boldsymbol{\mu_\theta}(s_t)^\top \boldsymbol{w}_t) \\
\boldsymbol{w}_{t+1} &= \boldsymbol{w}_t + \alpha_w \delta_{t+1} \boldsymbol{\phi}(s_t, a_t) = \boldsymbol{w}_t + \alpha_w \delta_{t+1}(a_t^\top \nabla_{\boldsymbol{\theta}} \boldsymbol{\mu_\theta}(s_t)) \\
\boldsymbol{v}_{t+1} &= \boldsymbol{v}_t + \alpha_v \delta_{t+1} \boldsymbol{\phi}(s_t)
\end{aligned} \quad (2.13)$$

2.4 奖赏塑形

在 2.2 节中定义的奖赏函数是一个非常简单的版本，我们在初步的实验中构造了一个连续状态空间/离散动作空间问题，对其进行了验证。具体地，我们采用了上面定义的状态表示方法，同时人工选取 15 组固定的排序策略，通过线性值函数估计控制算法 GreedyGQ 来学习相应的状态动作值函数 $Q(s,a)$。从实验结果中，我们发现学习算法虽然最终能够稳定地区分开不同

的动作，但它们之间的差别并不大。一方面，这并不会对算法收敛到最优产生影响；另一方面，学习算法收敛的快慢却会大受影响，而这是在实际中我们必须要考虑的问题。

在淘宝主搜这种大规模应用的场景中，较难在短时间内观察到不同的排序策略在点击和成交这样的宏观指标上的差别。因此，有必要在奖赏函数中引入更多的信息，增大不同动作的区分度。以商品点击为例，考虑不同的用户A和B在类似的状态中发生的商品点击行为。若A点击商品的价格较高，B点击商品的价格较低，那么就算A和B点击的商品数量相同，我们也可以认为点击行为对A和B采用的排序策略带来的影响是不同的。同样地，对于商品的成交，价格相同而销量不同的商品成交也有差别。因此，在原有的基础上，我们将商品的一些属性特征加入奖赏函数的定义中，通过奖赏塑形的方法丰富其包含的信息量。

奖赏塑形的思想是在原有的奖赏函数中引入一些先验的知识，加速强化学习算法的收敛。可以简单地将"在状态s上选择动作a，并转移到状态s'"的奖赏值定义为

$$R(s,a,s') = R_0(s,a,s') + \Phi(s) \quad (2.14)$$

其中，$R_0(s,a,s')$为原始定义的奖赏函数，$\Phi(s)$为包含先验知识的函数，也被称为势函数（Potential Function）。我们可以把势函数$\Phi(s)$理解为学习过程中的子目标（Local Objective）。例如，在用强化学习求解迷宫问题中，可以定义$\Phi(s)$为状态s所在位置与出口的曼哈顿距离（或其他距离），使得Agent更快地找到潜在的与出口更近的状态。根据上面的讨论，我们把每个状态对应PV的商品信息纳入Reward的定义中，将势函数$\Phi(s)$定义为

$$\Phi(s) = \sum_{i=1}^{K} \text{ML}(i|\boldsymbol{\mu_\theta}(s)) \quad (2.15)$$

其中，K为状态s对应PV中商品的个数，i表示的是第i个商品，$\boldsymbol{\mu_\theta}(s)$为Agent在状态$s$执行的动作，$\text{ML}(i|\boldsymbol{\mu_\theta}(s))$表示排序策略为$\boldsymbol{\mu_\theta}(s)$时对商品的点击（或成交）的**极大似然**（**Maximum Likelihood**）估计。因此，$\Phi(s)$表示

在状态s上执行动作$\boldsymbol{\mu_\theta}(s)$时，PV 中所有商品能够被点击（或购买）的极大似然概率之和。

下面我们给出$\mathrm{ML}(i|\boldsymbol{\mu_\theta}(s))$的具体形式。令商品$i$的特征向量（即价格、销量、人气分、实时分等特征）为$\boldsymbol{x}_i = (\boldsymbol{x}_i^1, \boldsymbol{x}_i^2, \ldots, \boldsymbol{x}_i^m)$，则$\boldsymbol{x}_i^\top \boldsymbol{\mu_\theta}(s)$即为商品$i$在状态$s$下的最终排序分数。又令$y_i \in \{0,1\}$为商品$i$实际被点击（或成交）的 label，并假设商品$i$的实际点击（或成交）的概率$p_i$与其排序分数$\boldsymbol{x}_i^\top \boldsymbol{\mu_\theta}(s)$满足$\ln \frac{p_i}{1-p_i} = \boldsymbol{x}_i^\top \boldsymbol{\mu_\theta}(s)$，则商品$i$的似然概率为

$$\mathrm{ML} = p_i^{y_i}(1-p_i)^{1-y_i} = \left(\frac{1}{1+\exp(-\boldsymbol{x}_i^\top \boldsymbol{\mu_\theta}(s))}\right)^{y_i} \left(\frac{1}{1+\exp(\boldsymbol{x}_i^\top \boldsymbol{\mu_\theta}(s))}\right)^{1-y_i} \quad (2.16)$$

为简化计算，我们对 ML 取对数，得到对数似然概率

$$\mathrm{ML}_{\log}(i|\boldsymbol{\mu_\theta}(s)) = y_i \boldsymbol{x}_i^\top \boldsymbol{\mu_\theta}(s) - \ln(1+\exp(\boldsymbol{x}_i^\top \boldsymbol{\mu_\theta}(s))) \quad (2.17)$$

将 PV 中所有商品的对数似然概率综合起来，则有

$$\Phi(s) = \sum_{i=1}^{K} y_i \boldsymbol{x}_i^\top \boldsymbol{\mu_\theta}(s) - \ln(1+\exp(\boldsymbol{x}_i^\top \boldsymbol{\mu_\theta}(s))) \quad (2.18)$$

我们最终实现的奖赏塑形方法将点击和成交均纳入考虑中，对于只有点击的 PV 样本，其对应奖赏势函数为

$$\Phi_{\mathrm{clk}}(s) = \sum_{i=1}^{K} y_i^c \boldsymbol{x}_i^\top \boldsymbol{\mu_\theta}(s) - \ln(1+\exp(\boldsymbol{x}_i^\top \boldsymbol{\mu_\theta}(s))) \quad (2.19)$$

其中，y_i^c是商品i被点击与否的 label。而对于有成交发生的 PV 样本，我们将商品价格因素加入奖赏势函数中，得到

$$\Phi_{\mathrm{pay}}(s) = \sum_{i=1}^{K} y_i^p \boldsymbol{x}_i^\top \boldsymbol{\mu_\theta}(s) - \ln(1+\exp(\boldsymbol{x}_i^\top \boldsymbol{\mu_\theta}(s))) + \ln \mathrm{Price}_i \quad (2.20)$$

其中，y_i^p和Price_i分别是商品i被购买与否的 label 及其价格。从直观上来理解，$\Phi_{\mathrm{clk}}(s)$和$\Phi_{\mathrm{pay}}(s)$将分别引导 Agent 对点击率和 GMV 的对数似然进行优化。

实际上，我们所采用的奖赏塑形方法启发于 LTR 方法。LTR 方法的有效性在于它能够利用商品维度的信息来进行学习，其最终学习到的排序权重和商品特征有直接相关性。我们通过把商品的特征灌注到奖赏函数中，能让 Agent 的动作在具体商品上产生的影响得到刻画，因此也就能更好地在数值信号上将不同的动作区分开来。另外，与以往的奖赏塑形方法不同的是，我们采用的势函数是随着策略的学习变化的，它让 Reward 和 Action 之间产生了相互作用：Action 的计算将朝着最大化 Reward 的方向进行，而 Action 的生效投放也反过来影响了 Reward 的产生。

2.5 实验效果

在双 11 期间，我们对强化学习方案进行了测试，图 2.2 展示了我们的算法在学习过程中的误差变化情况，衡量学习误差的指标为 NEU（Norm of the Expected TD Update），这是差分误差与状态动作特征向量乘积的期望值，图中的 RNEU 表示 NEU 的平方根。从理论上来讲，RNEU 越小表示算法学习到的策略越接近最优。

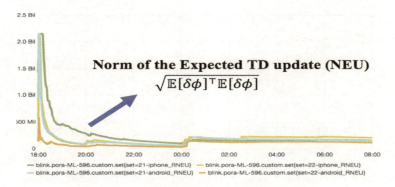

图 2.2　NEU 随时间的变化

可以看到，从启动开始，每个桶上的 RNEU 开始逐渐下降。之后，下降趋势变得比较缓和，说明学习算法在逐步往最优策略进行逼近。但过了零点之后，每个桶对应的 RNEU 指标都出现了陡然上升的情况，这是因为零点前后用户的行为发生了急剧变化，导致线上数据分布在零点以后与零点之前产生较大差别。相应地，学习算法获取到新的 Reward 信号之后，也会作出适应性的调整。

接下来，再对双 11 当天排序权重分的变化情况进行考查。我们一共选取了若干个精排权重分来进行实时调控，图 2.3 和图 2.4 分别展示了在 iPhone 和 Android 中每个维度的排序权重分在一天内的变化。

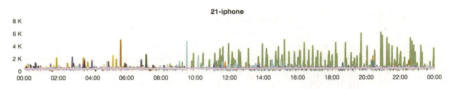

图 2.3　每个维度的排序权重分在一天内的变化（iPhone）

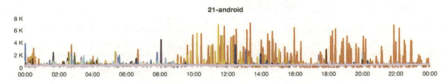

图 2.4　每个维度的排序权重分在一天内的变化（Android）

从 0 点到早上 10:00 这一时间段内，无论是在 Android 端还是 iPhone 端，都没有出现某个维度的排序权重分占绝对主导地位的现象。在 11 号凌晨和上午，全网大部分的成交其实不在搜索端，在这段时间内，用户产生的数据相对没有这么丰富，可能还不足以将重要的排序权重分凸显出来。而到了 10:00 以后，我们可以发现某一个维度的排序权重分逐渐开始占据主导，并且其主导过程一直持续到了当天结束。在 iPhone 端占据主导的是某大促相关的分（绿色曲线），而 Android 端的则是某转化率的分（红色曲线）。这其实也从侧面说明了 iPhone 端和 Android 端的用户行为存在较大差别。

在最终的投放效果上，强化学习桶相对于基准桶整体提升了很大幅度，同时强化学习桶在 CTR 方面的提升高于其他绝大部分非强化学习桶，证明我们所采用的奖赏塑形方法确实有效地将优化 CTR 的目标融入了奖赏函数中。

2.6 DDPG 与梯度融合

在双 11 之后,我们对之前的方案进行了技术升级,一个直接的优化是 DPG 升级为 DDPG,即将 Actor 模型和 Critic 模型升级为 Actor 网络$\mu(s|\theta^\mu)$ 和 Critic 网络$Q(s,a|\theta^Q)$。此外,还增加了一个 ltr loss 层$L(a,X,Y)$,用于衡量 Actor 网络输出的 a,在 pointwise ltr 上的 cross entropy loss,这里 $X=[x_1,x_2,\ldots,x_n]$是n个宝贝的归一化特征分向量,$Y=[y_1,y_2,\ldots,y_n]$是对应的点击、成交的 label。具体为

$$L(a,X,Y) = \frac{1}{n}\sum_{i}^{n} y_i \log(\sigma(a^T x_i)) + (1-y_i)\log(1-\sigma(a^T x_i)) \quad (2.21)$$

这里$\sigma(a^T x_i) = 1/(1+\exp(-a^T x_i))$。因此最终 Actor 的网络的梯度为

$$\begin{aligned}\nabla_{\theta^\mu} J =\ & \frac{1}{N}\sum_{i}^{N} \nabla_a Q(s,a|\theta^Q)|_{s=s_i,a=\mu(s_i)} \nabla_{\theta^\mu}\mu(s|\theta^\mu)|_{s_i} + \\ & \lambda \nabla_a L(a,X,Y)|_{a=\mu(s_i)} \nabla_{\theta^\mu}\mu(s|\theta^\mu)|_{s_i}\end{aligned} \quad (2.22)$$

大致的整体框架如图 2.5 所示。

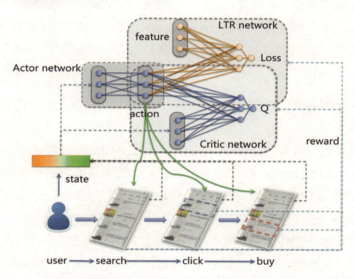

图 2.5 监督学习和强化学习的多任务学习网络

较之前的 DPG 方案，这个方案的整体实现，一方面可以受益于深度神经网络强大的表征能力，另一方面也可以从监督学习网络获得很好的梯度，从而获得较好的初始化效果，并保证整个训练过程中的稳定性。

2.7 总结与展望

总的来说，我们将强化学习应用到淘宝的搜索场景中只是一次初步尝试，有很多方面都需要进一步探索，现将我们在未来需要改进的地方，以及可能的探索方向归纳如下。

（1）状态的表示：我们将用户最近点击的商品特征和用户长期行为特征作为状态，其实是基于这样一个假设，即用户点击过的商品能够较为精确地反映用户的内心活动和对商品的偏好。但实际上，用户对商品的点击往往具有盲目性，无论什么商品可能都想要看一看。也就是说，我们凭借经验所设定的状态并非那么准确。深度强化学习对状态特征的自动抽取能力是它在 Atari Game 和围棋上取得成功的重要原因之一。因此，在短期内可以考虑利用深度强化学习对现有方案进行扩展。同时，借助深度神经网络对状态特征的自动抽取，我们也可以发现用户的哪些行为对于搜索引擎的决策是比较重要的。

（2）奖赏函数的设定：和状态的定义一样，我们在 2.2 节中设定的奖赏函数也来自于人工经验。奖赏塑形虽然是优化奖赏函数的方法，但其本质上是启发式函数，其更多的作用在于对学习算法的加速。逆强化学习（Inverse Reinforcement Learning，IRL）是避免人工设定的奖赏函数的有效途径之一，也是强化学习研究领域的重要分支。IRL 的主要思想是根据已知的专家策略或行为轨迹，通过监督学习的方法逆推出问题模型的奖赏函数。Agent 在这样的奖赏函数上进行学习，就能还原出专家策略。对于我们的问题，IRL 的现有方法不能完全适用，因为我们的搜索任务并不存在一个可供模仿的专家策略。我们需要更深入地思考如何在奖赏函数与我们的目标（提升 CTR，提升成交笔数）之间建立紧密的关系。

（3）多智能体强化学习（MARL）：我们将搜索引擎看作 Agent，把用户看成响应 Agent 动作的环境，属于典型的**单智能体强化学习**（**Single-Agent RL**）模式。在单智能体强化学习的理论模型（即 MDP）中，环境动态（Environmental Dynamics，即奖赏函数和状态转移函数）是不会发生变化的；而在我们的问题中，用户的响应行为却是非静态的，同时也带有随机性。因此，单智能体强化学习的模式未必是我们的最佳方案。要知道，用户其实也是在一定程度理性控制下，能够进行自主决策甚至具有学习能力的 Agent。从这样的视角来看，或许更好的方式是将用户建模为另外一个 Agent，对这个 Agent 的行为进行显式刻画，并通过多智能体强化学习[21]方法来达到搜索引擎 Agent 和用户 Agent 之间的协同（Coordination）。

（4）奖赏函数与 Agent 动作的相互作用带来的非独立同分布数据问题，我们在这里再进行一些讨论。在 MDP 模型中，奖赏函数$R(s,a,s')$（有时又写成$R(s,a)$）是固定的，不会随着 Agent 策略的变化而变化。然而，在我们提出的奖赏塑形方法中，势函数$\Phi_{\text{clk}}(s)$和$\Phi_{\text{pay}}(s)$中包含了策略参数$\boldsymbol{\theta}$，使得 Agent 从环境获得的奖赏信号在不同的$\boldsymbol{\theta}$下有所不同。这也意味着我们的 Agent 实际上是处于一个具有动态奖赏函数的环境中，这种动态变化并非来自外部环境，而是源于 Agent 的策略改变。这有点类似人的行为与世界的相互作用。因此我们可以将$J(\boldsymbol{\mu_\theta})$重写为

$$\begin{aligned}\bar{J}(\boldsymbol{\mu_\theta}) &= \int_S \int_S \sum_{t=1}^{\infty} \gamma^{t-1} p_0(s') T(s', \boldsymbol{\mu_\theta}(s'), s) R_{\boldsymbol{\theta}}(s, \boldsymbol{\mu_\theta}(s)) \, \mathrm{d}s' \, \mathrm{d}s \\ &= \int_S \rho^{\mu}(s) R_{\boldsymbol{\theta}}(s, \boldsymbol{\mu_\theta}) \, \mathrm{d}s\end{aligned}$$

（2.23）

其中，$R_{\boldsymbol{\theta}}$为 Agent 的策略参数$\boldsymbol{\theta}$的函数。虽然$J(\boldsymbol{\mu_\theta})$与$\bar{J}(\boldsymbol{\mu_\theta})$之间只有一个符号之差，但这微小的变化也许会导致现有的强化学习算法无法使用，我们在未来的工作中将从理论上来深入研究这个问题的解决方法。

第 3 章

延迟奖赏在搜索排序场景中的作用分析

3.1 研究背景

我们用强化学习在搜索场景中进行了一些尝试,虽然从顺序决策的角度来讲,强化学习在这些场景中的应用是合理的,但并没有回答一些根本性的问题,比如:在搜索场景中采用强化学习和采用多臂老虎机有什么本质区别?从整体上优化累积收益和分别独立优化每个决策步骤的即时收益有什么差别?每当有同行问到这些问题时,我们总是无法给出让人信服的回答。因为我们还没思考清楚一个重要的问题,即:**在搜索场景的顺序决策过程中,任意决策点的决策与后续所能得到的结果之间的关联性有多大?** 从强化学习的角度讲,也就是后续结果要以多大的比例进行回传,以视为对先前决策的延迟激励,也就是说我们要搞清楚延迟反馈在搜索场景中的作用。本章将继续以搜索场景下调节商品排序策略为例,对这个问题展开探讨。本章的余下部分将组织如下:第二节对搜索排序问题的建模进行回顾;第三节将介绍最近的线上数据分析结果;第四节将对搜索排序问题进行形式化定义;第五节和第六节分别进行理论分析和算法设计;最后一小节进行实验分析并得出结论。

3.2 搜索交互建模

在淘宝中,对商品进行搜索排序,以及重排序涉及搜索引擎与用户之间的不断交互。图 3.1 展示了这样的交互过程。

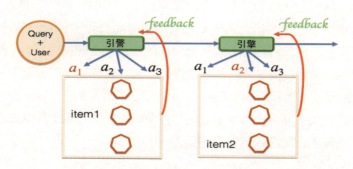

图 3.1 搜索引擎与用户的交互示意图

（1）用户进入搜索引擎，输入搜索关键词（关键词）。

（2）搜索引擎根据用户输入的关键词和用户的特征，从若干个可能的排序动作中（$a_1, a_2, a_3 ...$）选择给对应的其中一个关键词下的商品进行排序，选择 top K 个商品（K一般等于10）。

（3）用户在看到展示商品的页面之后，会在页面中进行一些操作，比如，点击、购买感兴趣的商品。

（4）当用户进行翻页时，搜索引擎会再次选择一个排序动作，对未展示的商品进行重新排序并展示。

（5）随着用户不断翻页，这样的交互过程会一直进行下去，直到用户购买某个商品或者离开搜索引擎。

如果把搜索引擎看作智能体（Agent），把用户看作环境（Environment），那么图 3.1 展示的交互过程对于搜索引擎 Agent 来讲是一个典型的顺序决策问题。若从强化学习的视角来看，图 3.1 所展示的过程就是一次 Episode（指从初始状态到终止状态之间的一次经历），可以重新用图 2.1 进行描述。在图 2.1 中，蓝色的节点表示一次 PV 请求，也对应 Agent 进行状态感知的时刻，红色的节点表示 Agent 的动作，绿色箭头表示对 Agent 动作的即时奖赏激励。

需要注意的是，由于搜索引擎每一次的决策都是在 PV 请求时发生的，所以决策过程中的状态与展示的商品页是一一对应的。更严格地讲，每一个决策点的状态应该是"这个决策点之前所有商品页面包含的信息总和"，包括这些页面展示的商品信息，以及用户在这些页面上的实时行为。在目前的系统实现中，由于性能、信息获取条件的限制，现有的状态表示中并没有完全囊括这些信息。但抛开具体的状态表示方法不谈，我们可以认为一个商品页就是一个状态。在下一节中，我们将以 PV 为单位对线上数据进行统计分析，希望能够发现这个搜索排序问题的一些特性。

3.3 数据统计分析

在强化学习中，有很多算法都是分 Episode 进行训练的。我们对线上产生的训练数据按照 Episode 进行了组织，也就是将每个 Episode 对应的所有商品展示页进行串联，形成"PV→PV→...→End"这样一个序列，相当于把 Episode 中的所有状态进行串联。其中，"End"表示一个 Episode 的终止状态。在我们的场景中，终止状态表示"用户离开搜索引擎"或者"进行了购买"。由于在日志中无法获取"用户离开搜索引擎"这样的事件，所以能够完整抽取 Episode 的数据其实都是有过成功购买的 PV 序列。令 n 表示 Episode 的序列长度，我们统计了 $n = 1, 2, \ldots, 30$ 的 Episode 占总体成交 Episode 的比例，结果如图 3.2 所示，其中的"6/15-android/iphone"等是我们的对照实验组名称，以确保统计结论的普遍性。

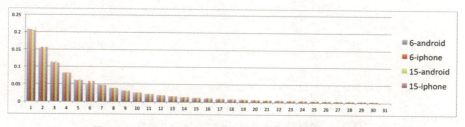

图 3.2　全类目数据下所有成交 Episode 的长度分布情况

从图 3.2 所示的结果中，可以看到 Episode 的长度越大，其对应的占总体的比例越小。这与"越往后的 PV 转化率越低"的经验是相符的。从绝对数值上看，超过60%的成交都是在前6个 PV 中发生的，而 $n = 1$、2、3的比例更是分别超过了20%、15%和10%。当然，图 3.2 的结果来自于对全类目数据的统计。为了消除类目间差异给统计结果带来的影响，我们选取了三个成交量较大的类目，分别进行了相同的统计分析，相应的结果如图 3.3、图 3.4、图 3.5 所示。

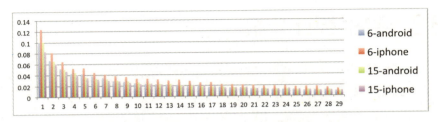

图 3.3　类目 A 下所有成交 Episode 的长度分布情况

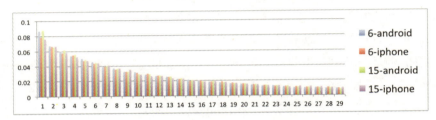

图 3.4　类目 B 下所有成交 Episode 的长度分布情况

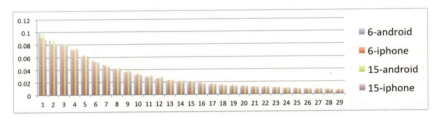

图 3.5　类目 C 下所有成交 Episode 的长度分布情况

　　虽然分类目统计结果与全类目的结果在绝对数值上有一定差别，但还是呈现了相同的趋势。如果不考虑具体的数值，我们至少可以得出一个结论：**用户在看过任意数量的商品展示页之后，都有可能发生成交**。根据这个结论，我们可将一次搜索会话过程用图 3.6 的抽象示意图来描述。垂直方向的箭头由上向下表示用户不停翻页的过程。每翻一页，用户选择商品的范围就增加一页，PV 的历史也对应发生变化。横向来看，用户在任意的 PV 历史下，都有可能选择购买某个被展示的商品，或者继续往下翻页。当然，如果考虑到用户也有可能离开搜索引擎，可以得到图 3.7 更一般的示意图。

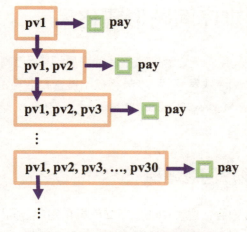

图 3.6　仅考虑成交和翻页的搜索会话

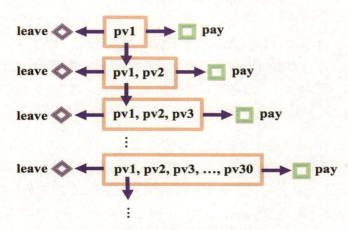

图 3.7　考虑成交、翻页和用户离开的搜索会话

在场景中,"成交"和"离开搜索引擎"均被视为一个 Episode 的终止状态。如果把图 3.7 和马尔可夫决策过程的状态、状态转移等要素对应起来,就可以发现搜索排序问题的明显特征:**任意非终止状态都有一定的概率转移到终止状态**。这与一些典型的强化学习应用场景相比有很大不同,比如,在网格世界和迷宫问题中,只有在邻近终点的位置才有非零的概率转移到终止状态。在接下来的内容中,我们将根据搜索排序问题的特点对其进行形式化定义,并在此基础上做相应的理论分析。

3.4 搜索排序问题形式化

如前所述，在淘宝、天猫等电商平台的商品搜索场景中，对商品进行打分排序是一个多步顺序决策问题。本节将提出搜索会话马尔可夫决策过程模型（Search Session Markov Decision Process，SSMDP），作为对搜索排序问题的形式化定义。

3.4.1 搜索排序问题建模

我们首先对搜索会话过程中的上下文信息和用户行为进行建模，定义商品页、商品页历史、成交转化率等概念，它们是定义状态和状态转移关系的基础。

定义 1. [Top K List] 给定商品集合 D，排序函数 f，以及一个正整数 K（$1 \leqslant K \leqslant |D|$），关于 D 和 f 的 top K 列表，记为 $\mathcal{L}_K(D, f)$，是用函数 f 对 D 中商品进行打分以后的前 K 个商品的有序列表 $(J_1, J_2, \ldots, J_K)$。其中，J_k 是排在第 k 位的商品（$1 \leqslant k \leqslant K$），并且对于任意 $k' \leqslant k$，都有 $f(J_k) > f(J_{k'})$。

定义 2. [Item Page] 令 D 为关于某个关键词的商品全集，$K (K > 0)$ 为一个页面能够展示的商品数量。对于一个搜索会话的任意时间步 t（$t \geqslant 1$），其对应的 item page p_t 是关于第 $(t-1)$ 步的打分函数 a_{t-1} 和未展示商品集合 D_{t-1} 的 top K list $\mathcal{L}_K(D_{t-1}, a_{t-1})$。对于初始时间步 $t=0$，有 $D_0 = D$。对于其他任意时间步 $t \geqslant 1$，有 $D_t = D_{t-1} \backslash p_t$。

定义 3. [Item Page History] 令 q 为一个搜索会话的关键词。对于初始时间步 $t=0$，对应的初始 item page history 为 $h_0 = q$。对于任意其他时间步 $t \geqslant 1$，对应的 item page history 为 $h_t = (h_{t-1}, p_t)$。在这里，h_{t-1} 为第 $(t-1)$ 步的 item page history，p_t 为第 t 步的 item page。

对于任意时间步骤 t，item page history h_t 包含了用户在 t 时刻能够观察到的所有上下文信息。由于商品全集 D 是一个有限集合，不难发现一个搜索

会话最多包含$\lceil\frac{|D|}{K}\rceil$个 item page。对于搜索引擎来讲，它在一个搜索会话中最多决策$\lceil\frac{|D|}{K}\rceil$次。根据我们之前的数据分析，不同的用户会在不同的时间步上选择购买或者离开。如果我们把所有用户看作一个能够采样出不同用户行为的环境，就意味着这个环境可能会在任意时间步上以一定的**成交转化概率**（conversion probability）或者**放弃概率**（abandon probability）来终止一个搜索会话。这两种概率形式化定义如下。

定义 4. [Conversion Probability] 对于搜索会话中的任意 item page history h_t $(t > 0)$，令$B(h_t)$表示用户在观察到h_t之后发生购买行为的随机事件，则h_t的 conversion probability，记为$b(h_t)$，就是事件$B(h_t)$在h_t下发生的概率。

定义 5. [Abandon Probability] 对于搜索会话中的任意 item page history h_t $(t > 0)$，令$L(h_t)$表示用户在观察到h_t之后离开搜索会话的随机事件，则h_t的 abandon probability，记为$l(h_t)$，就是事件$L(h_t)$在h_t下发生的概率。

由于h_t是在$(t-1)$时刻的 item page history h_{t-1}上执行动作a_{t-1}的直接结果，因此$b(h_t)$和$l(h_t)$也表征了 Agent 在h_{t-1}上执行动作a_{t-1}之后环境状态的转移。

（1）以$b(h_t)$的成交概率终止搜索会话。

（2）以$l(h_t)$的离开概率终止搜索会话。

（3）以$(1 - b(h_t) - l(h_t))$的概率继续搜索会话。为方便起见，我们对用户继续进行搜索会话，对概率也进行形式化描述。

定义 6. [Continuing Probability] 对于搜索会话中的任意 item page history h_t $(t > 0)$，令$C(h_t)$表示用户在观察到h_t之后继续停留在会话中的随机事件，则h_t的 continuing probability，记为$c(h_t)$，就是事件$C(h_t)$在h_t下发生的概率。

显然，对于任意 item page history h，都有$c(h) = 1 - b(h) - l(h)$成立。

特殊地，对于初始 item page history h_0 来讲，$C(h_0)$ 是一个必然事件（即 $c(h_0) = 1$）。这是因为在第一个 item page 展示前，不可能存在成交转化事件和离开事件。

3.4.2 搜索会话马尔可夫决策过程

基于上一节定义的几个概念，我们将搜索排序问题形式化为搜索会话马尔可夫决策过程，其具体的定义如下。

定义 7. [SSMDP] 令 q 为某个关键词，D 为和 q 相关的商品全集，K 为一个页面可展示的商品数量，关于 q、D 和 K 的 SSMDP 是一个元组，记为 $M = \langle T, H, S, A, R, P \rangle$。该元组中的每个要素分别为

- $T = \lceil \frac{|D|}{K} \rceil$ 为搜索会话最大决策步数。
- $H = \bigcup_{t=0}^{T} H_t$ 为关于 q、D 和 K 的所有可能的 item page history 的集合，其中 H_t 为 t 时刻所有可能 item page history 的集合（$0 \leq t \leq T$）。
- $S = H_C \cup H_B \cup H_L$ 为状态空间，$H_C = \{C(h_t) | \forall h_t \in H_t, 0 \leq t < T\}$ 是包含所有**继续会话事件**的非终止状态集合（nonterminal state set），$H_B = \{B(h_t) | \forall h_t \in H_t, 0 < t \leq T\}$ 和 $H_L = \{L(h_t) | \forall h_t \in H_t, 0 < t \leq T\}$ 分别是包含所有**成交转化事件**和**离开事件**的终止状态集合（Terminal State Set）。
- A 为动作空间，包含搜索引擎所有可能的排序打分函数。
- $R: H_C \times A \times S \to \mathbb{R}$ 为奖赏函数。
- $P: H_C \times A \times S \to [0,1]$ 为状态转移函数，对于任意时间步 t（$0 \leq t < T$）、任意 item page history $h_t \in H_t$ 和任意动作 $a \in A$，令 $h_{t+1} = (h_t, \mathcal{L}_K(D_t, a))$，则 Agent 在状态 $C(h_t)$ 上执行动作 a 后，环境转移到任意状态 $s' \in S$ 的概率为

$$P(C(h_t), a, s') = \begin{cases} b(h_{t+1}) & \text{if } s' = B(h_{t+1}), \\ l(h_{t+1}) & \text{if } s' = L(h_{t+1}), \\ c(h_{t+1}) & \text{if } s' = C(h_{t+1}), \\ 0 & \text{otherwise} \end{cases} \quad (3.1)$$

在一个 SSMDP 中，Agent 是搜索引擎，环境是由所有可能用户所共同构成的总体。环境的状态表征了用户总体在对应 item page history 下的动向（继续会话、成交或离开）。动作空间A可以根据任务需要进行设定（例如，离散的动作空间或连续的动作空间）。环境状态的转移则直接基于我们之前定义的成交转化概率、放弃概率，以及继续会话概率（Continuation Probability）。奖赏函数 R 与具体的任务目标高度相关，我们将在下一节进行讨论。

3.4.3　奖赏函数

在一个 SSMDP $M = \langle T, H, S, A, R, P \rangle$中，奖赏函数$R$是对每个状态下的每个动作的即时效用的量化评估。具体地，对于任意的非终止状态$s \in H_C$，任意动作$a \in A$，以及任意其他状态$s' \in S$，$R(s, a, s')$表示在状态s中采取动作a，并且环境状态转移到s'的情况下，Agent 从环境中获得的即时奖赏期望。因此，在搜索排序问题中，我们必须将用户在每个商品展示页面的反馈信息（翻页、点击、购买等）转化为学习算法能够理解的奖赏值。

在 online LTR 研究领域，用户的点击反馈被广泛用作定义奖赏值的基础。然而，在电商场景中，买家和卖家之间的成功交易要比用户点击更加重要。基于阿里巴巴"让天下没有难做的生意"的使命，也就是说，我们定义的奖赏函数将尽可能多地促进用户与卖家之间的交易。对于任意时间步t（$0 \leqslant t < T$），任意 item page history $h_t \in H_t$和任意动作$a \in A$，令$h_{t+1} = (h_t, \mathcal{L}_K(D_t, a))$。在观察到 item page history h_{t+1}，用户将以$b(h_{t+1})$的平均概率购买商品。尽管不同的用户会选择不同的商品进行购买，但从统计的角度来看，在h_{t+1}上发生的成交转化事件对应的商品成交价格必然会服从一个特定的分布。我们用$m(h_{t+1})$表示 item page history h_{t+1}的成交价格期望，则 Agent 在状态$C(h_t)$上执行动作a并且环境转移到任意状态$s' \in S$的奖赏定义如下

$$R(C(h_t), a, s') = \begin{cases} m(h_{t+1}) & \text{if } s' = B(h_{t+1}), \\ 0 & \text{otherwise} \end{cases} \quad (3.2)$$

在这里，$B(h_{t+1})$为h_{t+1}上发生的成交转化事件对应的终止状态。从奖赏函数定义中可以看到，Agent 只有在成交发生时才能从环境获得正的奖赏。在其他情况下，Agent 获得的奖赏值都是零。注意，任意 item page history 的成交价格期望通常是未知的。在具体应用中，我们可以用每一次的实际成交价格作为对应成交事件的奖赏信号。

3.5 理论分析

在将 SSMDP 模型进行实际应用之前，我们需要说明一些细节。本节将首先证明 SSMDP 的状态具有马尔可夫性质（Markov Property），以证明该理论模型是良定义的。然后我们将在公式（3.2）给出的奖赏函数的基础上对折扣率进行理论分析，证明在搜索排序问题中最大化长期累积奖赏的必要性。

3.5.1 马尔可夫性质

上一节定义的 SSMDP 可以看作 MDP 模型的一个实例，但要保证 SSMDP 是良定义的，我们需要证明 SSMDP 中的状态都具有马尔可夫性质。马尔可夫性质指的是对于任意的状态动作序列$s_0, a_0, s_1, a_1, s_2, \ldots, s_{t-1}, a_{t-1}, s_t$都有如下等式成立

$$\Pr(s_t | s_0, a_0, s_1, a_1, \ldots, s_{t-1}, a_{t-1}) = \Pr(s_t | s_{t-1}, a_{t-1}) \quad （3.3）$$

也就是说，当前状态s_t的发生概率仅仅取决于最近一个状态动作对(s_{t-1}, a_{t-1})，而并非整个序列。我们可以证明对于一个 SSMDP，它的所有状态都具有马尔可夫性质。

命题 1. 对于任意 SSMDP $M = \langle T, H, S, A, R, P \rangle$，其状态空间$S$中的任意状态都具有马尔可夫性质。

证明： 我们只需证明对于任意时间步t $(0 \leqslant t \leqslant T)$和关于$t$的任意状态动作序列$s_0, a_0, s_1, a_1, \ldots, s_{t-1}, a_{t-1}, s_t$都有等式$\Pr(s_t | s_0, a_0, s_1, a_1, \ldots, s_{t-1}, a_{t-1}) =$

$\Pr(s_t|s_{t-1}, a_{t-1})$ 成立即可。

除状态 s_t 外，序列 $s_0, a_0, s_1, a_1, \ldots, s_{t-1}, a_{t-1}, s_t$ 中的其他所有状态都是非终止状态。根据状态的定义，对于任意时间步 t' $(0 < t' < t)$，必然存在一个 item page history $h_{t'}$ 与状态 $s_{t'}$ 相对应，且有 $s_{t'} = C(h(t'))$。因此，整个序列可以重写为 $C(h_0), a_0, C(h_1), a_1, \ldots, C(h_{t-1}), a_{t-1}, s_t$。需注意的是，对于任意时间步 t' $(0 < t' < t)$，都有

$$h_{t'} = (h_{t'-1}, \mathcal{L}_K(D_{t'-1}, a_{t'-1})) \tag{3.4}$$

成立。其中，$\mathcal{L}_K(D_{t'-1}, a_{t'-1})$ 也就是关于 $(t'-1)$ 时刻的动作 $a_{t'-1}$ 和未展示商品 $D_{t'-1}$ 的 top K list。给定 $h_{t'-1}$，集合 $D_{t'-1}$ 一定是确定的。所以，$h_{t'}$ 也就是状态动作对 $(C(h_{t'-1}), a_{t'-1})$ 的必然和唯一结果。那么事件 $(C(h_{t'-1}), a_{t'-1})$ 也就能够等价地表示为事件 $h_{t'}$。基于此，我们可以进行如下推导

$$\begin{aligned}
&\Pr(s_t|s_0, a_0, s_1, a_1, \ldots, s_{t-1}, a_{t-1}) \\
=\ &\Pr(s_t|C(h_0), a_0, C(h_1), a_1, \ldots, C(h_{t-1}), a_{t-1}) \\
=\ &\Pr(s_t|h_1, h_2, \ldots, h_{t-1}, C(h_{t-1}), a_{t-1}) \\
=\ &\Pr(s_t|h_{t-1}, C(h_{t-1}), a_{t-1}) \\
=\ &\Pr(s_t|C(h_{t-1}), a_{t-1}) \\
=\ &\Pr(s_t|s_{t-1}, a_{t-1})
\end{aligned} \tag{3.5}$$

第三步推导成立是由于对于任意时间步 t' $(0 < t' < t)$，$h_{t'-1}$ 都包含在 $h_{t'}$ 中。类似地，第四步推导成立是由于事件 $C(h_{t-1})$ 已经包含了 h_{t-1} 的发生。

3.5.2 折扣率

在这一小节我们将讨论本章最重要的问题：延迟奖赏对于搜索排序的优化到底有没有作用？简单来说，也就是 SSMDP 的折扣率到底应该设为多少。在任意 MDP 中，折扣率 γ 的大小直接决定了未来奖赏在 Agent 的优化目标中所占比重。我们将分析**优化长期累积奖赏**与**优化搜索引擎的经济指标**这两个目标之间的关系给出答案。

令 $M = \langle T, H, S, A, R, P \rangle$ 为一个关于关键词 q、商品全集 D 和正整数 K

($K>0$)的 SSMDP。给定一个确定性策略$\pi:S \to A$，记每个时间步t（$0 \leqslant t \leqslant T$）对应的 item page history 为$h_t^\pi$，我们把在策略$\pi$下能够访问的所有状态都展示在图 3.8 中。

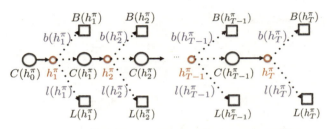

图 3.8　Agent 策略π下能够访问 SSMDP 中的所有状态

在图 3.8 中，红色的节点表示 item page history，注意它们并不是 SSMDP 的状态。方便起见，在本节接下来的部分，我们将把$C(h_t^\pi)$、$c(h_t^\pi)$、$b(h_t^\pi)$和$m(h_t^\pi)$分别简化记为C_t^π、c_t^π、b_t^π和m_t^π。

为不失一般性，设 SSMDP M的折扣率为γ（$0 \leqslant \gamma \leqslant 1$）。由于 SSMDP 是一个**有限时间步 MDP**（finite-horizon MDP），所以折扣率可以取到 1。对于任意时间步t（$0 \leqslant t < T$），状态C_t^π的状态值为

$$
\begin{aligned}
V_\gamma^\pi(C_t^\pi) &= \mathbb{E}^\pi\{\sum_{k=1}^{T-t} \gamma^{k-1} r_{t+k} | C_t^\pi\} \\
&= \mathbb{E}^\pi\{r_{t+1} + \gamma r_{t+2} + \cdots + \gamma^{T-t-1} r_T | C_t^\pi\}
\end{aligned}
\quad (3.6)
$$

其中，对任意k（$1 \leqslant k \leqslant T-t$），$r_{t+k}$为 Agent 在未来时刻$(t+k)$的 item page history h_{t+k}^π中收到的即时奖赏。根据奖赏函数的定义，r_{t+k}在策略π下的期望值为$\mathbb{E}^\pi\{r_{t+k}\} = b_{t+k}^\pi m_{t+k}^\pi$。在这里，$m_{t+k}^\pi = m(h_{t+k}^\pi)$为 item page history h_{t+k}^π的成交价格期望。由于$V_\gamma^\pi(C_t^\pi)$表达的是在C_t^π发生的条件下的长期累积奖赏期望，所以我们还要把从C_t^π到达 item page history h_{t+k}^π的概率考虑进来。记从状态C_t^π到达h_{t+k}^π的概率为$\Pr(C_t^\pi \to h_{t+k}^\pi)$，根据状态转移函数的定义可得

$$
\Pr(C_t^\pi \to h_{t+k}^\pi) = \begin{cases} 1.0 & k=1, \\ \prod_{j=1}^{k-1} c_{t+j}^\pi & 1 < k \leqslant T-t \end{cases}
\quad (3.7)
$$

从状态C_t^π到 item page history h_{t+1}^π的概率为 1，是因为h_{t+1}^π是状态动作对

$(C_t^\pi, \pi(C_t^\pi))$ 的直接结果。将上面的几个公式综合起来，可以进一步计算 $V_\gamma^\pi(C_t^\pi)$ 如下

$$\begin{aligned}
V_\gamma^\pi(C_t^\pi) &= \mathbb{E}^\pi\{r_{t+1}|C_t^\pi\} + \gamma\mathbb{E}^\pi\{r_{t+2}|C_t^\pi\}+\ldots+\gamma^{T-t-1}\mathbb{E}^\pi\{r_T|C_t^\pi\} \\
&= \sum_{k=1}^{T-t} \gamma^{k-1} \Pr(C_t^\pi \to h_{t+k}^\pi) b_{t+k}^\pi m_{t+k}^\pi \\
&= b_{t+1}^\pi m_{t+1}^\pi + \gamma c_{t+1}^\pi b_{t+2}^\pi m_{t+2}^\pi +\ldots+ \gamma^{T-t-1}(\Pi_{j=1}^{T-t-1} c_{t+j}^\pi) b_T^\pi m_T^\pi \\
&= b_{t+1}^\pi m_{t+1}^\pi + \sum_{k=2}^{T-t} \gamma^{k-1}((\Pi_{j=1}^{k-1} c_{t+j}^\pi) b_{t+k}^\pi m_{t+k}^\pi)
\end{aligned} \quad (3.8)$$

根据图 3.8 中展示的每个 item page history 的 conversion probability，以及成交价格期望，我们也可以将搜索引擎在策略 π 的作用下，在一个搜索会话中引导的成交额期望表达出来，即

$$\begin{aligned}
\mathbb{E}_{\text{gmv}}^\pi &= b_1^\pi m_1^\pi + c_1^\pi b_2^\pi m_2^\pi + \cdots + (\Pi_{k=1}^T c_k^\pi) b_T^\pi m_T^\pi \\
&= b_1^\pi m_1^\pi + \sum_{k=2}^T (\Pi_{j=1}^{k-1} c_j^\pi) b_k^\pi m_k^\pi
\end{aligned} \quad (3.9)$$

通过比较 $\mathbb{E}_{\text{gmv}}^\pi$ 和 V_γ^π，不难发现，当折扣率 $\gamma = 1$ 时，有 $\mathbb{E}_{\text{gmv}}^\pi = V_\gamma^\pi(C_0^\pi)$ 成立。也就是说，当 $\gamma = 1$ 时，最大化长期累积奖赏将直接带来搜索引擎成交额的最大化。当 $\gamma < 1$ 时，由于 $\mathbb{E}_{\text{gmv}}^\pi$ 是 $V_\gamma^\pi(C_0^\pi)$ 的上界，所以最大化 V_γ^π 并不一定能够最大化 $\mathbb{E}_{\text{gmv}}^\pi$。

命题 2. 令 $M = \langle T, H, S, A, R, P \rangle$ 为任意 SSMDP。对于任意确定性策略 $\pi: S \to A$ 和折扣率 γ（$0 \leqslant \gamma \leqslant 1$），都有式子 $V_\gamma^\pi(C(h_0)) \leqslant \mathbb{E}_{\text{gmv}}^\pi$ 成立，其中 V_γ^π 为 Agent 在策略 π 和折扣率 γ 下的状态值函数，$C(h_0)$ 为搜索会话的初始状态，$\mathbb{E}_{\text{gmv}}^\pi$ 为搜索引擎在策略 π 下的单次搜索会话成交额期望。仅当 $\gamma = 1$ 时，有 $V_\gamma^\pi(C(h_0)) = \mathbb{E}_{\text{gmv}}^\pi$ 成立。

证明： 只需证明当 $\gamma < 1$ 时，有 $V_\gamma^\pi(C(h_0)) < \mathbb{E}_{\text{gmv}}^\pi$ 成立。这是显然的，因为二者之差，即 $\sum_{k=2}^T (1-\gamma^{k-1})(\Pi_{j=1}^{k-1} c_j^\pi) b_k^\pi m_k^\pi$ 在 $\gamma < 1$ 时一定为正。

至此，可以回答之前提出的问题：站在提高搜索引擎成交额的角度，搜

索排序问题中考虑延迟奖赏是必要且必需的。从理论上讲，这是因为最大化无折扣累积奖赏能够直接优化搜索引擎的成交额。究其深层原因，是因为用户在搜索商品的每个步骤（即每个 Item Page History）的行为都是基于之前观察到的所有信息（或者大部分信息）所作出的反应，这天然决定了搜索排序问题的序列决策本质。

3.6 算法设计

本节将提出一个全新的策略梯度算法，用于学习 SSMDP 的最优排序策略。采用策略梯度算法能将排序策略用参数化的函数来表示，并直接对策略函数的参数进行优化。这能够同时解决 SSMDP 中排序策略的表示，以及大规模状态空间的难题。我们首先在 SSMDP 的语境下对策略梯度方法进行简要回顾。令 $M = \langle T, H, S, A, R, P \rangle$ 为一个 SSMDP，π_θ 为参数化的排序策略函数，其参数为 θ。Agent 的学习目标是找到最优的策略函数参数，使得它在所有可能状态—动作—奖赏轨迹中的 T-步回报最大：

$$J(\theta) = \mathbb{E}_{\tau \sim \rho_\theta}\{R(\tau)\} = \mathbb{E}_{\tau \sim \rho_\theta}\{\sum_{t=1}^{T} r_t\} \quad (3.10)$$

在这里，τ 为形如 $s_0, a_0, r_1, s_1, a_1, \ldots, s_{T-1}, a_{T-1}, r_T, s_T$ 的状态—动作—奖赏轨迹，它服从策略参数为 θ 时的轨迹概率分布 ρ_θ；$R(\tau) = \sum_{t=0}^{T} r_t$ 为轨迹 τ 对应的 T-步回报。需注意的是，如果在轨迹 τ 中到达终止状态的步数小于 T，那么对应的奖赏和 $R(\tau)$ 将在那个状态进行截断。优化目标 $J(\theta)$ 关于参数 θ 的梯度为

$$\nabla_\theta J(\theta) = \mathbb{E}_{\tau \sim \rho_\theta}\{\sum_{t=1}^{T} \nabla_\theta \log \pi_\theta(s_{t-1}, a_{t-1}) R_t^T(\tau)\} \quad (3.11)$$

其中，$R_t^T(\tau) = \sum_{t'=t}^{T} r_{t'}$ 表示在轨迹 τ 中，从时间步 t 到时间步 T 之间的奖赏之和。此梯度更新公式是著名的 REINFORCE 算法[144]的核心。Sutton 等人提出的策略梯度定理提供了更加一般的策略梯度更新方法。一般地，$J(\theta)$ 的

梯度为

$$\nabla_\theta J(\theta) = \mathbb{E}_{\tau \sim \rho_\theta}\{\sum_{t=1}^{T} \nabla_\theta \log \pi_\theta(s_{t-1}, a_{t-1}) Q^{\pi_\theta}(s_{t-1}, a_{t-1})\} \quad (3.12)$$

在这里，Q^{π_θ}为策略π_θ下的状态动作值函数。如果策略π_θ是一个**确定性策略**（deterministic policy），那么$J(\theta)$的梯度可以重写为

$$\nabla_\theta J(\theta) = \mathbb{E}_{\tau \sim \rho_\theta}\{\sum_{t=1}^{T} \nabla_\theta \pi_\theta(s_{t-1}) \nabla_a Q^{\pi_\theta}(s_{t-1}, a)|_{a=\pi_\theta(s_{t-1})}\} \quad (3.13)$$

Silver等人[110]证明了确定性策略梯度（Deterministic Policy Gradient）是一般性的随机策略梯度（Stochastic Policy Gradient）在策略方差趋近于0时的极限。状态动作值函数Q^{π_θ}可以通过蒙特卡罗估值方法（Monte Carlo evaluation）或时间差分方法进行估计。例如，REINFORCE算法采用的就是蒙特卡罗估值方法，而Sutton等人提出的演员评论家方法（Actor-Critic method）[117]则采用的是时间差分方法对值函数进行估计。

我们基于确定性策略梯度算法提出学习SSMDP最优排序策略的算法。我们并没有基于更一般的随机策略梯度方法，因为计算随机策略的梯度通常需要更多样本，且这一点在高维动作空间问题中更为明显。然而，在SSMDP中，对状态动作值函数Q^{π_θ}进行估计面临两个难点。首先，Agent在每个状态上所能获得的即时奖赏具有很大的方差。从式（3.2）中可以看到，任意状态动作对(s,a)对应的即时奖赏要么为0，要么为(s,a)对应的item page history h的成交价格期望$m(h)$，而$m(h)$的值通常比0大很多。对Q^{π_θ}进行估计的第二个难点在于每个状态上的即时奖赏分布的高度不平衡。对于任意状态动作对(s,a)，由(s,a)引导的成交转化事件（产生非零即时奖赏）发生的概率要远远低于由(s,a)引导的继续会话事件和离开事件（这两类事件产生值为0的即时奖赏）。不单是即时奖赏，SSMDP中状态—动作—奖赏轨迹的T-步回报也同样存在方差较高和分布不平衡的问题。这是因为在任何一条可能的状态—动作—奖赏轨迹中，只有最后一步的奖赏值可能为非零。因此，如果简单地采用蒙特卡罗估值方法或者时间差分方法来对Q^{π_θ}进行估计将会导

致不精确的值函数更新，从而影响参数 θ 的优化。

我们解决上述问题的方法类似于基于模型的强化学习方法[59, 13, 121]，借助对环境模型（奖赏函数和状态转移函数）的近似估计来完成可信的值函数更新。根据贝尔曼等式，任意状态动作对 (s,a) 在策略 π 下的状态动作值为

$$Q^\pi(s,a) = BQ^\pi(s,a) = \sum_{s' \in S} P(s,a,s)(R(s,a,s') + \max_{a'} Q^\pi(s',a')) \quad (3.14)$$

式 3.14 中，B 表示贝尔曼操作。令 h' 为 (s,a) 引导的 Item Page History。根据 SSMDP 的状态转移函数定义，在环境接收 (s,a) 之后，只有 $C(h')$、$B(h')$ 和 $L(h')$ 这三个状态能够以非零的概率被访问，所以公式（3.14）可以简化为

$$Q^\pi(s,a) = b(h')m(h') + c(h') \max_{a'} Q^\pi(C(h'), a') \quad (3.15)$$

在这里，$b(h')$、$c(h')$ 和 $m(h')$ 分别为 Item Page History h' 对应的成交转化概率、继续会话概率和成交价格期望。一般地，我们会用一个带参函数 Q^w 来对 Q^{π_θ} 进行近似计算，其优化目标是最小化参数 w 的均方误差（MSE, Mean Squared Error）

$$\text{MSE}(w) = ||Q^w - Q^{\pi_\theta}||^2 = \sum_{s \in S} \sum_{a \in A} (Q^w(s,a) - Q^{\pi_\theta}(s,a))^2 \quad (3.16)$$

而 $\text{MSE}(w)$ 关于 w 的梯度为

$$\nabla_w \text{MSE}(w) = \sum_{s \in S} \sum_{a \in A} 2(Q^w(s,a) - Q^{\pi_\theta}(s,a)) \nabla_w Q^w(s,a) \quad (3.17)$$

由于 $Q^{\pi_\theta}(s,a)$ 未知，我们无法准确地计算出 $\nabla_w \text{MSE}(w)$ 的值。一个普遍的做法是将 BQ^w 作为 Q^{π_θ} 的代替来计算出 $\nabla_w \text{MSE}(w)$ 的近似值。根据式（3.15），我们可以得到

$$\nabla_w \text{MSE}(w) \approx \sum_{s \in S} \sum_{a \in A} 2(Q^w(s,a) \\ - (b(h')m(h') + c(h')) \max_{a'} Q^w(c(h'),a)) \nabla_w Q^w(s,a) \quad (3.18)$$

其中，h' 表示 (s,a) 引导的 item page history。在我们实际采用随机梯度

法来优化w时,就能用一种完全回退(Full Backup)的方式来对w进行更新。具体地,对于我们观察到的任意状态动作对(s,a)及其对应的 item page history h',w的变化量为

$$\Delta w \leftarrow \alpha_w \nabla_w Q^w(s,a)(b(h')m(h') + c(h')Q^w(s',\pi_\theta(s')) - Q^w(s,a)) \quad (3.19)$$

在这里,α_w为学习率,$s' = C(h')$为 Item Page History h'对应的继续会话事件。这种完全回退的更新方法可以避免单步样本回退方法带来的采样误差。同时,在我们的问题中,这种完全回退方法的计算量并不比单步样本回退方法的计算量大。

我们的策略梯度算法是在确定性策略梯度定理[110]和对Q函数的完全回退估计的基础上提出的,我们将其命名为 DPG-FBE(**Deterministic Policy Gradient with Full Backup Estimation**)。与已有的基于模型的强化学习算法[59, 13, 121]不同,DPG-FBE 算法并不需要维护完整的奖赏函数和状态转移函数模型,而只需对 SSMDP 中的成交转化概率模型$b(\cdot)$、继续会话概率模型$c(\cdot)$和成交价格期望模型$m(\cdot)$进行建模。任何可能的统计学习方法都可以用来对这三个模型进行在线或离线的训练。DPG-FBE 的细节展示在算法 1 中。

算法 1:DPG-FBE 算法

Input:学习率$\alpha_\theta, \alpha_\theta$;预训练的成交转化概率模型 b,继续会话概率模型 c 和成交价格期望模型 m。

1 使用参数θ、w分别初始化 Actor 网络π_θ和 Critic 网络Q^w;
2 **foreach** 搜索引擎中的每个搜索会话 **do**;
3   在该会话中的每一步,使用π_θ产生一个带有随机扰动的排序动作;
4   搜集会话的轨迹数据 τ,及其对应的步数 t;
5     $\Delta w \leftarrow 0, \Delta \theta \leftarrow 0$;
6   **for** $k = 0,1,2,...,t-1$ **do**
7         $(s_k, a_k, r_{k+1}, s_{k+1}) \leftarrow$ 第 k 步的采样数据;
8         $h_{k+1} \leftarrow s_{k+1}$ 的 item page history;
9   **if** $s_{k+1} = B(h_{k+1})$ **then**
10   使用数据 $(h_{k+1}, 1)$、$(h_{k+1}, 0)$、(h_{k+1}, r_{k+1}) 分别更新模型 b、c、m;
11   **else**
12   使用数据 $(h_{k+1}, 0)$、$(h_{k+1}, 1)$ 分别更新模型 b、c;

13	end
14	$s' \leftarrow C(h_{k+1})$, $a' \leftarrow \pi_\theta(s')$;
15	$\delta_k \leftarrow b(h_{k+1})m(h_{k+1}) + c(h_{k+1})Q^w(s',a') - Q^w(s_k,a_k)$;
16	$\Delta w \leftarrow \Delta w + \alpha_w \delta_k \nabla_w Q^w(s_k,a_k)$;
17	$\Delta \theta \leftarrow \Delta \theta + \alpha_\theta \nabla_\theta \pi_\theta(s_k) \nabla a\, Q^w(s_k,a_k)$;
18	end
19	$w \leftarrow w + \Delta w/t, \theta \leftarrow \theta + \Delta \theta/t$;
20	end

如算法 1 所示，DPG-FBE 算法的策略函数参数 θ 和值函数参数 w 会在每个搜索会话结束后进行更新。为了保证算法学习到好的排序策略，探索（Exploration）机制必不可少（算法第3行）。对于离散动作空间问题，探索可以通过 ϵ-贪心方法实现；而对于连续动作空间问题，探索则可以通过对 π_θ 的输出添加高斯噪声来实现。DPG-FBE 算法并未对策略函数 π_θ 和值函数 Q^w 采用的具体模型作任何假设，但由于 SSMDP 通常具有很大的状态空间和动作空间，所以我们建议尽量采用非线性模型（例如神经网络）来进行学习。为了确保学习的稳定性以及解决函数近似带来的收敛性问题，样本池（Replay Buffer）和目标更新（Target Update）等[89, 79]是广泛应用在深度强化学习中的技巧，也建议在 DPG-FBE 算法的具体实现中采用。

3.7 实验与分析

为了对 DPG-FBE 算法的性能进行验证，我们进行了两组实验。在第一组实验中，我们构建了一个简易的在线购物模拟器，并对 DPG-FBE 算法及目前最新的几个 online LTR 算法进行对比测试。在第二组实验中，我们将 DPG-FBE 算法在淘宝搜索引擎中进行投放，以检验其实际应用效果。

3.7.1 模拟实验

模拟实验中使用的在线购物模拟器是基于淘宝中部分商品和用户的统

计信息构建的。其中，商品被表示为形如 $x = (x_1, \ldots, x_n)^T$ 的 n 维特征向量。搜索引擎的排序动作也是一个 n 维向量，我们用 $\mu = (\mu_1, \ldots, \mu_n)^T$ 来表示。对于任意商品 x，它在排序动作 μ 作用下的打分为 x 和 μ 的内积 $x^T\mu$。我们选择了连衣裙类目商品的20个重要商品特征，并根据这些特征的分布进行随机采样，生成了1000个虚拟的商品。搜索会话中展示给用户的每一个商品页面包含10个商品。因此，一个搜索会话最多会包含100轮排序。用户在每个商品展示页面的行为（比如点击、购买、离开等）通过用户行为模型进行模拟，该模型是从淘宝的连衣裙类目的用户行为数据中构建的。在一个搜索会话中，给定最近展示的4个商品展示页面，用户行为模型将输出用户点击商品、购买商品、继续会话以及离开会话的概率。一个搜索会话将在用户购买商品或者离开会话时结束。

我们采用深度神经网络作为策略函数和值函数的模型，实现了 DPG-FBE 算法的深度强化学习版本 DDPG-FBE。同时，我们也实现了 DPG 算法的深度强化学习版本，即 DDPG 算法[79]。环境的状态是从当前搜索会话的最近4个商品页面中抽取的180维特征向量。DDPG-FBE 和 DDPG 两个算法的网络结构和参数采用相同的设置。

（1）Actor 和 Critic 网络都采用2个全连接的隐层，第一个隐层包含200个单元，第二个隐层包含100个单元，隐层所有单元的激活函数都是 ReLU。

（2）Actor 网络的输出层包含20个单元，每个单元的激活函数为 Tanh，Critic 网络的输出层只有1个单元，无激活函数。

（3）Actor 网络的输出会作为输入连接到 Critic 网络的第二个隐层前。

（4）Actor 网络和 Critic 网络的参数通过 Adam 算法进行优化，学习率分别为 10^{-5} 和 10^{-4}。

（5）目标网络的更新比例 τ 设置为 10^{-3}。

我们设置了0、0.1、0.5、0.9和1.0五组折扣率，分别测试 DDPG-FBE 算法和 DDPG 算法在不同折扣率下的性能。同时，为了和两个强化学习算法进行对比，我们也实现了五个 online LTR 算法：point-wise LTR 算法、BatchRank 算法[149]、CascadeUCB1 算法[69]、CascadeKL-UCB 算法[69]和 RankedExp3 算法[101]。同 DDPG-FBE 和 DDPG 类似，我们实现的 point-wise LTR 算法学习也在搜索会话的每个状态下均输出一个20维的排序权重向量。我们采用深度神经网络作为 point-wise LTR 的模型，并用 Logistic Regression 算法对其进行训练，训练目标为最大化总成交额。其他的 online LTR 算法则是基于多臂老虎机模型的**遗憾最小化算法**（Regret Minimization Algorithm）。对每个算法的测试包含100,000个搜索会话，我们记录下被测算法在每个搜索会话中引导的成交额，并将结果展示在图 3.9 至图 3.11 中。

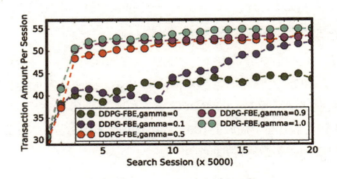

图 3.9 DDPG-FBE 算法在模拟实验中的测试结果

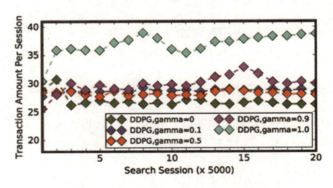

图 3.10 DDPG 算法在模拟实验中的测试结果

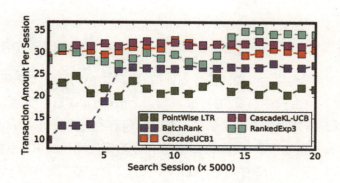

图 3.11　五个 online LTR 算法在模拟实验中的测试结果

首先考察 DDPG-FBE 算法的测试结果。从图 3.9 中可以看到，随着折扣率γ变大，DDPG-FBE 算法的性能逐渐改善。DDPG-FBE 算法在折扣率$\gamma = 0$时引导的成交额要远远低于它在其他折扣率下引导的成交额。由于$\gamma = 0$表示只考虑最大化即时奖赏，这样的结果也说明了延迟奖赏在搜索排序决策中的重要性。不难发现，DDPG-FBE 算法在折扣率$\gamma = 1$时引导的成交额最大（比排名第二的结果高出2%），这也进一步验证了我们在 3.5 节中给出的理论结果。值得一提的是，在淘宝搜索这样的大规模场景中，即便是1%的提升也是很可观的。同样地，DDPG 算法也是在折扣率$\gamma = 1$时引导了最高的成交额。然而，与 DDPG-FBE 算法相比，DDPG 算法并没有学到很好的排序策略。如图 3.10 所示，DDPG 算法所有的学习曲线最终在y轴方向都没有超过40，而 DDPG-FBE 算法在$\gamma = 1$时最终收敛到55左右。我们测试的5个 online LTR 算法引导的成交额都没能超过 DDPG 算法引导的最高成交额。由于这些算法并非为多步排序决策问题所设计，所以这样的结果并不奇怪。

3.7.2　搜索排序应用

第二个实验是一个实际的应用。我们将 DDPG-FBE 算法应用到淘宝搜索引擎中，提供实时在线商品排序服务。淘宝的搜索任务面临两大挑战：一个是大量在线用户导致的高并发需求；另一个则是对用户所产生的海量数据的实时处理。具体来说，淘宝搜索引擎每秒需要同时响应数十万次的用户的搜索请求，并同时处理这些用户产生的行为数据。在大促活动中（比如天猫双 11），在淘宝中产生的数据量及数据产生速度都要比平时高数倍。

为了满足对高并发度和海量数据处理的需要，我们设计了一套基于数据流的强化学习商品排序系统，并在此基础之上实现 DPG-FBE 算法。如图 3.12 所示，整个系统主要包含五个部分：**查询规划器**（关键词 planner）、**排序打分器**（ranker）、**日志中心**（log center）、**强化学习组件**和**在线 KV 系统**（online KV system）。从图 3.12 中可以看到，系统的工作过程由两个循环构成：其中一个循环代表用户和搜索引擎之间的交互过程（图中右下角的循环），也是搜索引擎执行排序动作的地方，我们称其为 online acting loop；另一个循环代表学习算法的训练过程（图中靠左的大循环），我们称其为 learning loop。这两个循环通过日志中心和在线 KV 系统相连接。

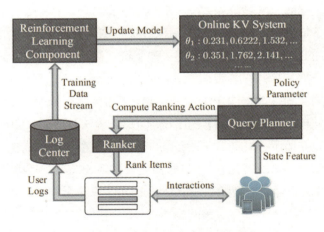

图 3.12 淘宝搜索引擎中的强化学习排序系统

在 online acting loop 中，每当有用户发出商品页面的请求时，查询规划器将抽取当前搜索会话的状态特征，从在线 KV 系统中获取当前的排序策略模型参数，从而计算出当前状态下搜索引擎的排序动作。在这之后，排序打分器将接收这个排序动作，对商品进行打分，并将 Top K 商品展示到一个商品页面中。用户看到该商品页面之后，就能对页面上的商品进行相应的操作。与此同时，用户在商品页面上的各种行为将会以日志的形式记录到日志中心，作为训练学习算法的数据源。在日志中心，从不同搜索会话中产生的用户日志数据都会转化为形如(s, a, r, s')的训练样本。这些样本将以数据流的形式不断地输出给强化学习组件，用于策略模型参数的更新。每当策略模型有更新时，新的模型将被写入在线 KV 系统。这时，搜索引擎就可以采用更新后的排序策略来产生排序动作，对商品进行排序。需要注意的是，整个系统的两个循环是并行的，但并非同步。这是因为，用户在搜索会话中产生的行为日志并不能立即被用来对算法进行训练。

我们仍然采用模拟实验中线性点乘模式对商品进行排序。搜索引擎的排序动作是 27 维的权重向量。在一个搜索会话中，环境的状态是一个 90 维的特征向量，包含了当前搜索会话中的用户特征、关键词特征和商品页面特征。与模拟实验不同，淘宝中的搜索排序服务面向所有类型的用户，且对输入关键词没有任何限制，所以我们也将用户和关键词的信息加入状态中。我们仍然采用神经网络作为策略函数和值函数的模型，两个网络都包含两个全连接隐层。其中，第一个隐层包含 80 个单元，第二个隐层包含 60 个单元。由于淘宝搜索排序服务对实时性能和数据快速处理有很高的要求，所以实验中策略函数和值函数模型的网络规模要比模拟实验中采用的网络规模小很多。我们在基于数据流的强化学习商品排序系统中分别实现了 DDPG 和 DDPG-FBE 算法，并进行了为期一周的 A/B 测试。在每天的测试中，DDPG-FBE 算法引导的成交额都要比 DDPG 算法引导的成交额高 2.7% ~ 4.3%[1]。在 2016 年的双 11 当天，我们也将 DDPG-FBE 算法进行了线上投放。同基准的算法相比（一个离线训练的 LTR 算法），DDPG-FBE 算法带来了 30% 的成交额提升。

---

① 基于阿里巴巴的商业信息保护条例，我们无法提供准确的成交额数据。这里我们给出一个参考指标：2016 财年阿里巴巴电商平台的全年总成交额已超过 4760 亿美元。

第 4 章

基于多智能体强化学习的多场景联合优化

4.1 研究背景

淘宝平台下有非常多的子场景，例如搜索、推荐、广告等。每个子场景又有非常多的细分，例如搜索包括默认排序、店铺内搜索、店铺搜索等，推荐内有猜你喜欢、今日推荐、每日好店等。目前基于数据驱动的机器学习和优化技术大量地应用于这些场景中，并已经取得了不错的效果——在单场景内的 A/B 测试上，点击率、转化率、成交额、单价都能看到有显著的提升。

然而，目前各个场景之间是完全独立优化的，这样会带来一些比较严重的问题：

（1）用户在淘宝上购物时，会经常在多个场景之间切换，例如从主搜索到猜你喜欢，从猜你喜欢到店铺内。如果不同场景的商品排序仅从自身出发，会导致用户的购物体验是不连贯或者雷同的。例如，从冰箱的详情页进入店铺，却展示手机；各个场景都展现趋同，都包含太多的 **U2I 商品**(User to Items，即用户点击或成交过的商品)；

（2）多场景之间是博弈（竞争）关系，无法保证每个场景的提升带来整体提升。很有可能一个场景的提升会导致其他场景的下降，更可怕的是，某个场景带来的提升甚至小于其他场景更大的下降。这并非是不可能的，在这种情况下，单场景的 A/B 测试的意义变小了，单场景的优化也会存在明显的问题。因为这一点尤为重要，所以举一个更简单易懂的例子，如图 4.1 所示。一个 1000m 长的沙滩上有两个饮料摊 A 和 B，沙滩上均分地分布着很多游客，他们一般会找更近的饮料摊去买饮料。最开始，A 和 B 分别在距离沙滩一端 250m 和 750m 的位置，此时靠沙滩左边的人会去 A 处买，靠沙滩右边的人去 B 处买。然后 A 发现，当自己往右边移动的时候，会有更多的用户（A/B 测试的结论），因此 A 会向右移，同样地，B 会向左移。A 和 B 各自"优化"下去，最后会都在沙滩中间的位置停下，从博弈论的角度，到了一个均衡点。然而，最后"优化"得到的位置是不如初始位置的，因为会有很多游客因为太远而放弃买饮料。在这种情况下，两个饮料摊各自优化的结果反而不如优化之前的。

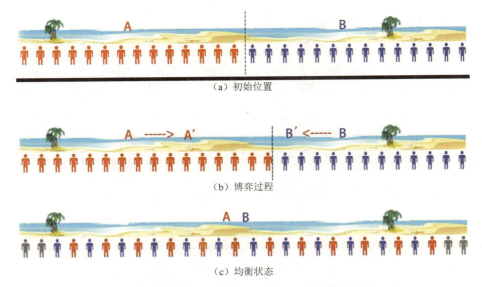

(a) 初始位置

(b) 博弈过程

(c) 均衡状态

图 4.1　一片长沙滩上两个零食店关于选择开店位置的博弈过程

注：红色的用户表示愿意在 A 处购买，蓝色的用户表示愿意在 B 处购买，灰色用户表示太远而偏向于放弃购买。

实际上目前比较大型的平台或者无线 App 都存在多场景问题。即使不谈 Yahoo、Sina 等综合性网站，像 Baidu、Google 等功能比较单一、集中的应用，也会有若干场景（如网页、咨询、地图等）。那么这些平台或应用都会面临类似的问题。

综上，研究大型在线平台上的多场景联合优化，无论从淘宝平台的应用上，还是从科研的角度，都具有重要意义。

为了解决上述问题，本章提出一个多场景联合排序算法，旨在提升整体指标。将多场景的排序问题看成一个完全合作的、部分可观测的多智能体序列决策问题，利用**多智能体强化学习**（Multi-Agent Reinforcement Learning）的方法尝试对问题进行建模。该模型以各个场景作为 Agent，让各个场景不同的排序策略共享同一个目标，同时在一个场景的排序结果会考虑该用户在其他场景的行为和反馈。这样使得各个场景的排序策略由独立转变为合作与共赢。由于想要使用用户在所有场景的行为，而 RNN 可以记住历史信息，同时利用 DPG 对连续状态与连续动作空间进行探索，因此将算法命名 **MA-RDPG**（Multi-Agent Recurrent Deterministic Policy Gradient）。

本章内容带来的核心进步主要有以下三点：

（1）将多场景联合优化（排序）的问题，建模成一个完全合作、部分可观测的多智能体序列决策问题；

（2）提出了一个全新的、基础的多智能体强化学习模型，称为 MA-RDPG。该模型能使多个智能体（多个场景）合作以取得全局的最佳效果；

（3）将算法应用在了淘宝的线上环境，测试表明该模型能显著地提升淘宝的整体指标。

4.2 问题建模

4.2.1 相关背景简介

排序学习（Learning to Rank, L2R[83]）被广泛应用于在线的排序系统中。排序学习最基本的思想是：最优的排序策略是能通过大量的训练样本被学习得到的。每条训练样本包含一个请求词（Query），以及该搜索词下展示的商品序列，排序策略将每个商品的多个特征映射成一个排序分值。排序策略的参数能够通过多种不同的方式学习得到，例如基于 point-wise[41,77]、pair-wise[15,100]和 list-wise methods[16,20]的优化算法。

深度递归 Q 网络：在实际的应用场景中，环境中的状态可能是只能被部分观测的。因此，强化学习中的智能体不能观测到全部的状态，这种设定被称为"部分可观测"。DRQN 被提出来，通过递归编码之前的观测，解决这种部分观测的问题。DRQN 在当前行为之前，先使用递归神经网络编码之前的状态，取代 Q 网络中消除"状态—行为函数"$Q(s_t, a_t)$，它会估计 $Q(h_{t-1}, o_t, a_t)$。其中，h_{t-1} 表示 RNN 中的隐状态，通过之前的观测

$o_1, o_2, ..., o_{t-1}$ 综合而来。递归神经网络必须使用这个函数去更新它的隐状态 $h_t = g(h_{t-1}, o_t)$，其中 g 是一个非线性函数。

在多智能体强化学习[19,81,54,95]中，存在一组自主的、可交互的智能体，它们处于一个相同的环境。每个智能体会观测到各自的信息，然后根据自身的策略函数，决定一个当前行为。不同的智能体通过完全合作、完全竞争或者混合方式相处。在完全合作下，所有智能体共享一个相同目标；在完全竞争下，不同智能体的目标是相反的；混合方式则介于前两者之间。

4.2.2 建模方法

我们将任务设计成一个完全合作、部分观测、序列决策问题。如图 4.2 所示，更具体的包括：

（1）**多智能体**。在系统中，每一个子场景都拥有自己的排序策略。每个智能体产出一个排序策略，同时学习自己的策略函数，该函数将自己的状态映射到一个行为上。

（2）**序列决策**。用户时序地与系统进行交互，因此智能体的行为也是序列性的。在每一个时间点上，智能体通过返回一个商品序列给用户，完成一次用户与场景的交互。当前的决策会对接下来的决策产生影响。

（3）**完全合作**。所有的智能体共同优化一个相同的目标值。更进一步，每个智能体会通过发送消息给其他智能体进行通信，整体的收益、目标通过一个综合的裁判来评判。

（4）**部分观测**。每个智能体智能观测一部分环境，同时能接受其他智能体发送的信息。

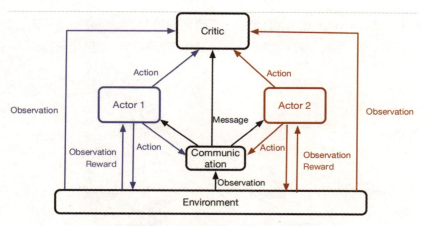

图 4.2 模型的整体结构

模型有一个综合的、全局的"裁判"来评价整体的收益。一个通信模块用来生成消息，消息可以被多个智能体共享。每条消息编码了一个智能体的历史观测和行为，被用于逼近全局的环境状态。每个智能体网络接收它独自的观测及收到的信息，同时独立产出一个行为。

下面会详细地介绍多智能体递归确定策略梯度法，来解决上述完全合作、部分观测、序列决策问题。

图 4.2 展示了模型的整体结构。为了简单起见，仅考虑 2 个智能体的情况，每个智能体表示一个能自我优化的场景和策略。受到深度策略梯度法（DDPG[79]）的启发，模型同样基于 Actor-Critic 方法[65]。设计了 3 个重要的模块让多智能体之间能有协同与合作，分别是一个整体的、全局的"裁判"和独立的智能体通信机制。

全局的裁判会维护一个"行为-值"函数，该函数表示在当前状态下，进行一个行为时未来整体收益的期望。每个智能体维护一个行为网络，将状态确定映射到一个唯一的行为上。每个智能体的决策行为会在它的场景内进行优化。

如图 4.3 所示，中心的裁判会模拟"行为-值"函数 $Q(h_{t-1}, o_t, a_t)$，它表示当接收到信息 h_{t-1} 和观测 o_t 时，采取行为 a_t 会获得的整体收益。每个智能体基于函数$a_t^i = \mu^i(h_{t-1}, o_t^i)$产生一个确定的行为。信息会被通信模块更新，基于观测o_t和行为a_t。红色表示信息，蓝色表示观测，绿色表示行为。

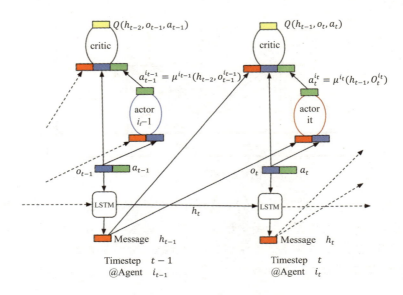

图 4.3　MA-RDPG 算法的详细结构

我们设计了一种基于LSTM[52]的消息机制。LSTM是一种递归神经网络，它能将所有智能体的全部观测和行为编码成一个消息向量。该消息向量会被发送到不同的智能体，以此形成协作。由于这种机制的存在，每个智能体的决策并不只是基于自己的状态以及之前的行为，同时会考虑其他智能体的状态与行为。这种通信能让每个智能体去模拟全局的环境状态，让它们进行更准确的决策。

在一个经典的强化学习问题中，会存在一个形如$(o_1, r_1, a_1, ..., a_{t-1}, o_t, r_t)$的历史的行为序列，其中$o/r/a$分别表示观测、收益和行为。正如之前提及的，本问题中的环境是部分可观测的，这也就是说状态s_t代表的是过往的经验，即$s_t = f(o_1, r_1, a_1, ..., a_{t-1}, o_t, r_t)$①。我们考虑的是一个$N$个智能体的问题，

---

① 在一个完全可观测的环境中，$s_t = f(o_t)$。

$\{A^1, A^2, ..., A^N\}$，每个智能体对应一个特征的优化场景（例如排序、推荐等）。在这种多智能体的设定下，环境的状态（s_t）是全局的，被多个智能体共享；但是观测（$o_t = (o_t^1, o_t^2, ..., o_t^N)$），行为（$a_t = (a_t^1, a_t^2, ..., a_t^N)$），记忆短期收益（$r_t = (r(s_t, a_t^1), r(s_t, a_t^2), ..., r(s_t, a_t^N))$）都是独自拥有的。

更具体地说，每个智能体 A^i 会根据自己的策略 $\mu^i(s_t)$ 和状态 s_t 进行每次决策行为 a_t^i，然后会从环境中得到一个暂时收益 $r_t^i = r(s_t, a_t^i)$，同时状态会从 s_t 更新为 s_{t+1}。在本任务中，多个智能体会协同合作，期望达到整体的最大收益。在给定状态 S，以及对应的行为 $(a1\ a2. \ aN)$ 时，用一个全局的"行为一值"函数（Critic）$Q(s_t, a_t^1, a_t^2, ..., a_t^N)$ 去预估全局的收益。同时，每个智能体在观测到本地的状态后，会根据状态产生一个本地行为。因此，我们的模型属于一种 Actor-Critic 强化学习，包含一个中心的 Critic，以及多个独立的 Actor（每个 Actor 代表一个智能体）。

如图 4.3 所示，在时间点 t，智能体 A^{it} 从环境中接收当前的观测 o_t^{it}。环境的全局状态被所有智能体共享，不只依赖于各个智能体的历史状态和行为，同时也依赖当前观测 o_t，换句话说，$s_t = f(o_1, a_1, ..., a_{t-1}, o_t)$。为了达到这个目的，设计了一个通信模块，该模块使用 LSTM 来编码之前的观测及行为，编码得到的是一个向量形式的信息。通过智能体之间的通信交流，整体的状态可以近似为 $s_t \approx \{h_{t-1}, o_t\}$，这是因为信息 h_{t-1} 已经包含了所有之前的观测和行为。每个智能体 A^{it} 选择一个行为 $a_t^{it} = \mu^{it}(s_t) \approx \mu^{it}(h_{t-1}, o_t^{it})$，目标是最大化整体的未来收益，该收益通过一个中心的 critic $Q(s_t, a_t^1, a_t^2, ..., a_t^N)$ 来评价。需要注意，在每个时间点，$o_t = (o_t^1, o_t^2, ..., o_t^N)$ 是由所有的观测组合得到的。

- **通信模块**。我们设计了一个通信模块，目的是让智能体之间能通过相互传递信息以更好地合作。信息包含了一个智能体本地的历史观测和行为。在时间点 t，智能体 A^{it} 接收到一个观测 o_t^{it} 和一个来自环境的消息 h_{t-1}。通信模块会根据之前的消息 h_{t-1} 以及当前的观测 o_t 生成一个新的消息 h_t，通过这个消息，该智能体能达成与其他合作智能体的信息共享。如图 4.4 所示，使用一个 LSTM 结构来达到这个目的。通信模块工作模式如下：

$$h_{t-1} = \text{LSTM}(h_{t-2}, [o_{t-1}; a_{t-1}]; \psi) \qquad (4.1)$$

注意，o_t 和 a_t 由所有智能体的观测和行为组成，同时每个 a_t^i 也是一个实值向量。

受益于信息 h_{t-1}，每个单独的智能体能够去近似得到全局的环境状态，$s_t \approx \{h_{t-1}, o_t\}$。这解决了每个智能体智能接收本地的观测 o_t^i，却不能得到全局的状态 s_t 的问题。

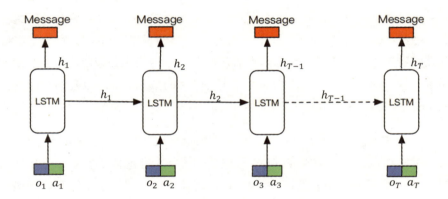

图 4.4　通信模块

- **Private Actor**。每个智能体都是一个独立的"演员"（Actor），它们会接受本地的观测以及共享的信息，然后做出一个决策。由于考虑的是连续行为的强化学习问题，行为被表示为一个实值向量 $\boldsymbol{a}^i = (w_1^i, \dots, w_{N^i}^i)$，$\boldsymbol{a}^i \in R^{N^i}$。因此，每个行为是一个 N^i 维向量，每一个维度都是一个实数值。这个向量会被当作排序的参数控制搜索排序。

由于这是一个连续行为类型，类似的工作常见于控制问题中[105, 79, 50]。受相关工作的启发，使用一个确定策略的方法，而不是随机策略的方式。每个智能体的 Actor 对应函数 $\mu^i(s_t; \theta^i)$，其中参数是 θ^i，该函数将一个状态确定地映射到一个行为上。在时刻 t，智能体 A^{it} 根据 Actor 网络决定自己的行为，公式为

$$a_t^{i_t} = \mu^{i_t}(s_t; \theta^{i_t}) \approx \mu^{i_t}(h_{t-1}, o_t^{i_t}; \theta^{i_t}) \quad (4.2)$$

其中$s_t \approx \{h_{t-1}, o_t\}$，如之前描述，表示通信模块。因此，Actor 的行为同时依赖于信息h_{t-1}和自己当前的观测 Observation $o_t^{i_t}$。

- **Centralized Critic**。和 DDPG 算法一样，我们设计了一个评价（Critic）网络来拟合"行为—值"函数，该网络用来近似未来整体收益的期望。因为所有智能体可以共享一个目标，使用一个全局的 Critic 函数$Q(s_t, \boldsymbol{a}_t^1, \boldsymbol{a}_t^2, ..., \boldsymbol{a}_t^N; \phi)$来拟合未来的整体收益，当全部的智能体在状态$s_t \approx \{h_{t-1}, o_t\}$时，采取行为$\boldsymbol{a}_t = \{\boldsymbol{a}_t^1, ..., \boldsymbol{a}_t^N\}$。

以上公式在所有智能体都是活动的状态下，是基础而有效的。在我们的设定下[①]，因此只会有一个智能体A^{i_t}在时刻t是活跃的，此刻$o_t = \{o_t^{i_t}\}$，$\boldsymbol{a}_t = \{\boldsymbol{a}_t^{i_t}\}$。于是，需要简化"行为—值"函数为$Q(h_{t-1}, o_t, \boldsymbol{a}_t; \phi)$，并且行为函数为$\mu^{i_t}(h_{t-1}, o_t; \theta^{i_t})$。

Centralized Critic 网络$Q(h_{t-1}, o_t, \boldsymbol{a}_t; \phi)$和 Q-Learning 一样[140]，使用 Bellman 公式训练。最小化以下 loss 函数

$$L(\phi) = \mathbb{E}_{h_{t-1}, o_t}[(Q(h_{t-1}, o_t, \boldsymbol{a}_t; \phi) - y_t)^2] \quad (4.3)$$

其中

$$y_t = r_t + \gamma Q(h_t, o_{t+1}, \mu^{i_{t+1}}(h_t, o_{t+1}); \phi) \quad (4.4)$$

Private Actor 网络的更新则基于最大化整体的期望。假设在时刻t，A^{i_t}是活跃的，那么目标函数是

$$J(\theta^{i_t}) = \mathbb{E}_{h_{t-1}, o_t}[Q(h_{t-1}, o_t, \boldsymbol{a}; \phi)|_{\boldsymbol{a} = \mu^{i_t}(h_{t-1}, o_t; \theta^{i_t})}] \quad (4.5)$$

根据链式法则，每个 Actor 的参数梯度可以表示如下

---

① 因为一个用户同一时刻只会存在于一个场景中。

$$\nabla_{\theta^{i_t}} J(\theta^{i_t})$$
$$\approx \mathbb{E}_{h_{t-1},o_t}[\nabla_{\theta^{i_t}} Q^{i_t}(h_{t-1}, o_t, a; \phi)|_{a=\mu^{i_t}(h_{t-1},o_t;\theta^{i_t})}] \qquad (4.6)$$
$$= \mathbb{E}_{h_{t-1},o_t}[\nabla_a Q^{i_t}(h_{t-1}, o_t, a; \phi)|_{a=\mu^{i_t}(h_{t-1},o_t)} \nabla_{\theta^{i_t}} \mu^{i_t}(h_{t-1}, o_t; \theta^{i_t})]$$

通信模块训练的目标是最小化以下函数

$$L(\psi)$$
$$= \mathbb{E}_{h_{t-1},o_t}[(Q(h_{t-1}, o_t, a_t; \phi) - y_t)^2|_{h_{t-1}=\text{LSTM}(h_{t-2},[o_{t-1};a_{t-1}];\psi)}] \qquad (4.7)$$
$$- \mathbb{E}_{h_{t-1},o_t}[Q(h_{t-1}, o_t, a_t; \phi)|_{h_{t-1}=\text{LSTM}(h_{t-2},[o_{t-1};a_{t-1}];\psi)}]$$

整体的训练流程见算法 2。我们使用一个经验池[79]来存储每个智能体与环境的交互，并使用 minibatch 的方式更新。在每个训练时刻，选出一组 minibatch，然后并行地训练它们，同时更新 Actor 网络和 Critic 网络。

算法 2：MA-RDPG

Input：环境
Output：$\theta = \{\theta^1, ..., \theta^N\}$（每个 Actor 的参数）

1　为 N 个 Actor 初始化网络参数 $\theta = \{\theta^1, ..., \theta^N\}$，同时为中心全局的 Critic 网络初始化网络参数 φ；
2　初始化一个经验池 **R**；
3　**foreach** 训练步数 *e* **do**
4　　**for** *i* = 1 to *M* do:
5　　　$h_0 = $ 初始化消息，*t*=1;
6　　　**while** *t* < T and $o_t \neq$ terminal **do**
7　　　　对当前的 agent i_t 选择一个 action $a_t = \mu_{i_t}(h_{t-1}, o_t)$;
8　　　　收到一个新的 reward r_t 以及一个新的观测 o_{t+1};
9　　　　生产一条消息 $h_t = \text{LSTM}(h_{t-1},[o_t;a_t])$;
10　　　　*t* = *t* + 1;
11　　　**end**
12　　　存储 $\{h_0,o_1,a_1,r_1,h_1,o_2,r_2,h_3,o_3,...\}$ 到经验池 R；
13　**end**
14　随机从经验池 R 中抽取一个 minibatch 的数据，记为 B;
15　**foreach** B 中的每个 episode do
16　　**for** *t* = T downto *1* do
17　　　通过最小化 loss 更新 Critic 网络：$L(\varphi) = (Q(h_{t-1},o_t,a_t;\varphi) - y_t)^2$,
　　　　其中 $y_t = r_t + \gamma Q(h_t, o_{t+1}, u^{i_{t+1}}(h_t, o_{t+1}); \varphi)$;

18	通过最大化 Critic 网络输出，更新第 i_t 个 Actor 的网络参数；
	$J(\theta_{i_t}) = Q(h_{t-1}, o_t, a; \varphi)|_{a=\mu^{i_t}(h_{t-1}, o_t; \theta^{i_t})}$ ；
19	更新通信模块；
20	**end**
21	**end**
22	**end**

4.3 算法应用

4.2 节描述了一个通用的多智能体强化学习框架，能解决多场景协作优化的问题。这一节将着重描述这个算法在淘宝上的应用，更具体地应用在两个相关的排序场景下。

首先，会给出一个简单的淘宝电商平台整体介绍，然后会详细介绍 MA-DRPG 算法在淘宝上的应用。

4.3.1 搜索与电商平台

在一个电商平台上，往往都存在多个不同的排序场景，每个场景都会有自己独立的排序策略。我们特别地选择了淘宝上两个最重要的搜索排序场景来应用 MA-DRPG 算法：主搜索和店铺内搜索。下面分别介绍一下。

（1）**主搜索**。它是淘宝电商平台的最大入口，当用户在淘宝主页面上的搜索框上输入一个请求词时，主搜索会返回相关的商品。主搜索会对淘宝中各个业务线上的商品进行综合排序，每秒会收到大于 40,000 个搜索请求，每天会有 35 亿次以上的页面展示次数、15 亿次以上的点击和 1 亿次以上的用户访问。

（2）**店铺内搜索**。对一个特定店铺的商品进行排序。这种排序一般发生在一个用户进入到一个特定的店铺的时候，例如"Nike 官方旗舰店"等。在这种排序下，用户可以输入一个关键词，也可以不输入任何关键词。在一天中，会有超过 5000 万名用户使用店铺内搜索，并有超过 6 亿次点击和 15 亿次页面展示数。

用户会频繁地在这两种场景下切换：当一个用户在主搜索上看到一条漂亮的连衣裙时，她会进入对应的店铺看看有没有更好看的；当一个用户在店铺内搜索衣服时，也许会觉得商品太少，进而到主搜索去找更多的衣服，从而又进入其他的店铺。通过一个简单统计发现，会有 25.46% 的用户会从主搜索进入店铺内搜索，而会有 9.12% 的用户在使用店铺内搜索后又使用主搜索。

4.3.2　多排序场景协同优化

在已有的模型中，不同场景中的排序策略会独立地优化，优化的目标也仅仅考虑自身而不管其他的场景。图 4.5（a）描述了传统的多场景优化方式。图中上部分红色表示主搜索，下部分蓝色表示店铺内搜索。两个搜索引擎是独立优化的。

图 4.5（b）描述了主搜索和店铺内搜索的联合优化方式。不同于两个场景的独立优化，MA-RDPG 对两个智能体协同建模，主搜索和店铺内搜索各自学习自身场景的排序策略权重。不同场景之间的协同，需要通过 2 个步骤来进行：首先，拥有一个共同的全局优化目标；其次，会产生并广播自己的排序策略。为了让说明更加清晰，将描述一些将 MA-DRPG 用于淘宝上的核心概念。

（1）环境：环境是在线的电商系统。它的状态会随着两个排序场景的策略变化而变化，它会对每个排序策略给出相应的收益。

（2）智能体：有两个智能体，分别是搜索排序和店铺内排序。在每一个时刻，一个搜索引擎会根据自己的排序策略给用户返回一个商品列表。两个智能体共同优化一个整体的淘宝平台收益，例如成交金额（GMV）。

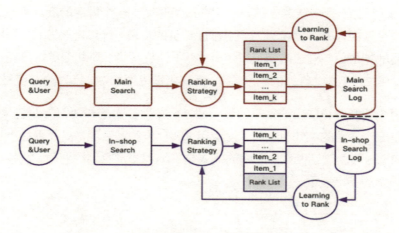

（a）两个搜索引擎独立优化

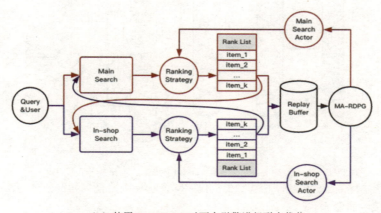

（b）使用 MA-RDPG 对两个引擎进行联合优化

图 4.5　独立优化与协同优化的对比

（3）**状态**：如前文提到，状态是部分可观测的。每个排序场景智能观测到当前场景下的信息，例如用户的数据（年龄、性别、购买力等）、用户点击的商品（价格、销量等）、搜索词的类型等。一个 52 维的向量被用来表示一个状态。如 MA-DRPG 算法中所说，完全的状态向量除包括本地的观测外，还包括全局的消息。

（4）行为：每个智能体需要在用户搜索时输出一个排序的商品列表，因此将每个智能体的行为定义为一组排序特征的权重。计算排序分数，是将一个商品的特征值与对应的特征权重做内积；改变行为，意即变更排序特征的权重。在主搜索中，行为的维度是 7，而在店铺内搜索中，行为的维度是 3。

每个智能体有独自的策略函数，图 4.6 展示了 Actor 网络的结构。网络结构是一个 3 层的感知机，前 2 层使用 ReLU 作为激活函数，而最后一层使用 Softmax 作为激活函数。网络的输入是本地观测及收到的消息，而输出是一组排序的特征权重。

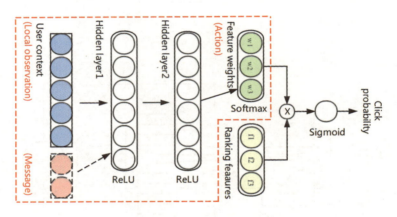

图 4.6　Actor 网络

注：红色虚线的部分输出一个实数值的排序向量（绿色），蓝色和红色分别表示本地观测和接收消息。

（5）奖赏：在系统中，设计的收益不只是成交行为，其他行为也被考虑到，这样能更多地使用用户的反馈行为特征。

如果产生了一个成交行为，会得到一个等于成交价格的收益；如果一个点击发生了，会得到一个值为 1 的收益；如果没有任何点击或者成交，会得到一个值为 –1 的收益；如果用户直接离开了搜索，那么会得到一个值为 –5 的收益。

4.4 实验与分析

为了验证 MA-RDPG 算法的效果，将其应用到淘宝的在线环境：主搜索和店铺内搜索中。

4.4.1 实验设置

（1）**训练流程**。训练流程如图 4.5（b）所示，基于淘宝的实时在线训练系统，首先系统会实时地获取用户的行为日志，为 MA-RDPG 算法提供训练样本；然后这些样本存储在一个经验池中；最后，更新模型，并将更新后的模型应用于线上。这个流程不断反复，因此这个在线模型是在线动态更新的，从而捕捉到用户的行为变化。

（2）**参数设置**。对每个智能体（搜索场景），本地的观测都是一个 52 维的向量，行为分别对应 7 维和 3 维的向量。由于通信模块和评价网络都需要各个不同场景的行为，为了简单，使用一个长度为 10 的向量（用 0 补充空的部分）作为 LSTM 和评价网络的输入。

对通信模块来说，输入是一个 $52 + 7 + 3 = 62$ 维的向量，同时输出是一个 10 维的向量。网络结构如图 4.4 所示。在 Actor 网络，输入维度是 $52 + 7 + 3 = 62$，网络隐层的大小分别是 32/32/7。前 2 层的激活函数使用的是 ReLU，最后一层的激活函数是 Softmax。网络的结构如图 4.6 所示。

评价网络有 2 个隐藏层，每层的神经元个数是 32，使用 ReLU 作为激活函数。

Bellman 公式中的收益衰减系数设为 $\gamma = 0.9$。在本实验中，使用 RMSProp 来学习网络的参数；学习率则使用的是 10^{-3} 和 10^{-5}，分别对应 Actor 网络和 Critic 网络。我们使用的 replay buffer 的大小是 10^4，每个 minibatch 的大小是 100。

4.4.2 对比基准

排序算法的对比基准如下：

（1）**经验权重 (EW)**。在这种算法中，主搜索和店铺内搜索的排序权重是人工根据经验确定的。

（2）**排序学习 (L2R)**。在这种算法中，特征的权重使用一种基于 point-wise 的 L2R 算法学习得到。算法使用一个同样结构的神经网络，如图 4.6 所示，但是输入不包含收到的消息。这个网络通过用户的反馈行为学习得到。

EW、L2R、MA-RDPG 三个算法的不同主要在于产出排序特征权重的方式。在 MA-RDPG 算法中，排序的特征权重使用 Actor 网络产出，一些有代表性的特征在表 4.1 中列出。

表 4.1 排序的特征示例

场景	特证明	描述
主搜索	点击率	一个点击率（CTR）预估分，使用 logistic 回归，考虑用户、商品、query 以及它们的组合
	评价分	用户在商品上评分的均值
	店铺热度	店铺的热门程度
店铺内搜索	新上架商品	商品是不是店铺最新上架的商品
	销量	店铺中商品的销量

基于上述算法，我们将 MA-RDPG 与独立优化的方法进行对比：1) EW+L2R；2) L2R+EW；3) L2R+L2R。加号左边表示主搜索使用的排序算法，右边表示店铺内搜索使用的排序算法。

4.4.3 实验结果

与上述基准算法对比，报告提升的相对百分比，基准是主搜索和店铺内搜索都使用 EW 算法。使用的指标，GMV gap 定义为 $\frac{GMV(x)-GMV(y)}{GMV(y)}$，为了进行一次公平的对比，我们将算法使用标准的 A/B 测试进行，3%的用户被选作测试组，实验进行 10 天左右。同时提供了每个场景的实验效果，以便分析 2 个场景之间的关联。

实验的结果被列在表 4.2 中，从中我们能得到以下结论。

表 4.2　在线系统中的总成交额对比

day	EW+L2R			L2R+EW			L2R +L2R			MA+RDPG		
	main	in-shop	total	main	in-shop	total	main	in-shop	total	main	in-shop	total
1	0.04%	1.78%	0.58%	5.07%	-1.49%	3.04%	5.22%	0.78%	3.84%	5.37%	2.39%	4.45%
2	0.01%	1.98%	0.62%	4.96%	-0.86%	3.16%	4.82%	1.02%	3.64%	5.54%	2.53%	4.61%
3	0.08%	2.11%	0.71%	4.82%	-1.39%	2.89%	5.02%	0.89%	3.74%	5.29%	2.83%	4.53%
4	0.09%	1.89%	0.64%	5.12%	-1.07%	3.20%	5.19%	0.52%	3.74%	5.60%	2.67%	4.69%
5	0.08%	2.24%	0.64%	4.88%	-1.15%	3.01%	4.77%	0.93%	3.58%	5.29%	2.50%	4.43%
6	0.14%	2.23%	0.79%	5.07%	-0.94%	3.21%	4.86%	0.82%	3.61%	5.59%	2.37%	4.59%
7	0.06%	2.12%	0.62%	5.21%	-1.32%	3.19%	5.14%	1.16%	3.91%	5.30%	2.69%	4.49%
avg	0.03%	2.05%	0.66%	5.02%	-1.17%	3.09%	5.00%	0.87%	3.72%	5.43%	2.57%	4.54%

注：A+B 表示的是算法 A 应用在主搜索，而算法 B 应用在店铺内搜索。表中的数值表示相应的提升百分比，对比的对象是主搜索和店铺内都使用经验设置（EW setting）。

（1）MA-RDPG 算法的在线效果明显优于其他算法。具体一点，MA-RDPG 从整体收益来看比 L2R+L2R 算法更加有效；L2R+L2R 算法是淘宝在线使用的算法，效果一直比较优秀，但是该算法只考虑各自场景本身，而没有考虑场景之间的协同合作。这说明，不同场景之间的合作确实能提升 GMV；

（2）使用 MA-RDPG 后，店铺内搜索 GMV 的提升非常明显，同时主搜索有一定的提升。这种现象产生的主要原因是有更多的用户是从主搜索到店铺内搜索的，而不是反过来。因此，从这 2 个场景的合作中可以看出，店铺内搜索能够获得更大的收益；

（3）L2R+EW 的实验结果进一步证明了不同场景之间是需要进行合作的，因为可以比较明显地看到，在单独优化主搜索的时候，店铺内搜索的指标是会被损伤的。

从图 4.7 可以看到 MA-RDPG 对在线 GMV 的提升对比时间的变化，可以看到算法对 GMV 的提升是连续而稳定的。

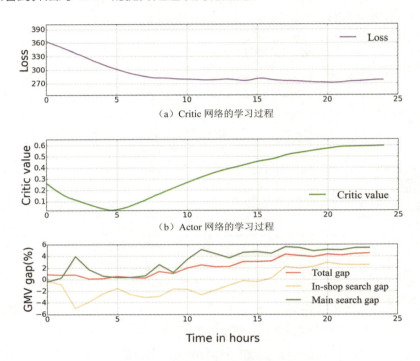

（a）Critic 网络的学习过程

（b）Actor 网络的学习过程

（c）GMV 的在线提升随时间的变化

图 4.7　MA-RDPG 对在线 GMV 的提升对比时间的变化

如之前提到，每个智能体都是使用的连续行为，因此可以分析在不同搜索场景下，行为随时间的变化，如图 4.8 所示。因为每个行为都是实质的向量，因此曲线中画的是不同维度上行为的平均值。

图 4.8（a）所示是主搜索上行为随时间变化的曲线。**Action_1** 拥有最大的权重，它对应的排序特征是 CTR 预估分。这表示 CTR 预估是学习得到的最重要的特征，这与我们对排序的认识也是一致的。**Action_6** 是第二重要的特征，它表示的是商品对应店铺的热度。在 L2R 模型中，会看到这并不是

一个重要的特征，但是在实验中，它表现得出乎意料的重要。这主要是因为通过这个特征，主搜索能直接将更多的用户流量引导到店铺内搜索中，从而实现合作。

图 4.8（b）描述的是店铺内搜索的行为随时间变化的曲线。**Action_0** 是最重要的特征，它表示的是一个商品的销量；这表示在一个店铺内，热销的商品往往会更容易成交。

尽管不同行为的分布一开始会变化得非常大，但是在训练 15h 的时候，就趋于平稳，这与图 4.7 上也是一致的。

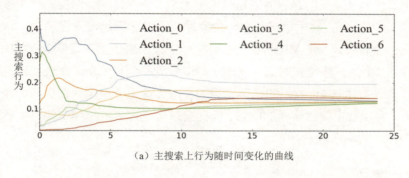

（a）主搜索上行为随时间变化的曲线

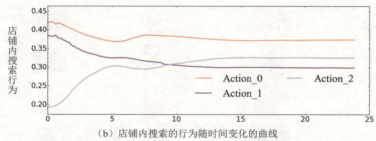

（b）店铺内搜索的行为随时间变化的曲线

图 4.8　主搜索和店铺内搜索的行为均值变化情况

4.4.4　在线示例

在这一小节中我们进一步分析了一些典型的例子，说明 MA-RDPG 是怎么让主搜索和店铺内搜索合作起来的。考虑到在线系统的变化太多，本书集中分析一些典型情况，对比 MA-RDPG 和 L2R+L2R 算法的排序结果。

第一个例子反映的是主搜索怎么去帮助店铺内搜索，从而得到更多的整体收益。假设这样一个场景：一个强购买力的女性用户点击了很多高价而低转化的商品，然后搜索了一个关键词"连衣裙"。不同算法的结果展示在图 4.9（a）中。显然，MA-RDPG 更容易返回一些大店中的高价而低销量的商品，这能让用户更容易进到店铺中。对比 L2R+L2R 算法，MA-RDPG 能从一个更加全局的角度进行排序，它不仅考虑了当前的短期点击和成交，同时会考虑潜在的会在店铺内进行的成交。

第二个例子，我们选的情景是一个男士想买一个冰箱。他首先在主搜索中搜索了"冰箱"，然后点击其中一个商品，通过该商品进入了店铺；这个店铺是一个非常大型的家电卖家。图 4.9（b）中分别是店铺内搜索 MA-RDPG 和 L2R+L2R 的排序结果对比。从图中可以看到，MA-RDPG 算法更容易排出冰箱，而 L2R+L2R 展示的结果则更加发散。这主要是因为在店铺内搜索的时候，会接收主搜索传递的信息，因此会基于主搜索的排序结果产生更合理的排序。

（a）主搜索场景的搜索结果　　　　（b）店铺内场景的搜索结果

图 4.9　搜索结果对比

4.5 总结与展望

随着 AI 技术的发展，越来越多的新技术涌现，排序也经历了从规则到浅层监督学习，再到深度学习、强化学习等智能排序算法的转变。新的问题与挑战，迫使技术人员不断地开拓与进取。从一个场景的优化，到现在尝试着联合两个场景一起优化，这只是联合优化的一小步，现在的做法也比较简单，甚至还存在着非常多的不足和缺陷，还有更多、更复杂的问题需要去克服和解决。相信在面对未来越来越复杂的电商排序场景下，平台需要的不是各场景之间的互搏与内耗，而是协同与合作，也期待更多、更高级的多场景联合优化的方法涌现，为平台创造更大的价值。

第 5 章
虚拟淘宝

5.1 研究背景

强化学习算法在结合深度学习之后取得了巨大的进展,并成功应用在游戏、机器人、自然语言处理等多个领域。然而,在电商平台这种极大影响用户体验,并且可以带来社会效益的大规模实际应用中,关于强化学习应用的研究却很少。

大规模的在线应用,一方面鲜有强化学习方法的应用,另一方面又对强化学习有强烈的需求。事实上,很多在线应用都涉及延迟反馈下的序列决策。例如,自动化交易平台需要根据历史记录和相关的高频信息来管理投资组合,通过分析长期收益来调整投资策略。同样,电商平台的搜索引擎接收用户的请求,向用户展示排序后的商品,在观察到用户反馈之后,通过最大化收益来调整决策模型。在一个会话中,如果用户一直在浏览,那么搜索引擎会根据用户信息持续向用户展示页面。传统的解决方案多数是监督学习,而监督学习并不能很好地处理序列决策和长期奖赏的问题。因此,这些场景对强化学习算法有非常强烈的需求。

阻碍强化学习在这些场景应用的一个主要障碍是,当前的强化学习算法通常需要在与环境交互中实时采集大量的样本,而在真实环境中采样的成本又十分高昂,耗时耗力,很可能带来极差的用户体验,如果直接应用在医疗领域,甚至就会夺走病人的生命。为了避免采样带来的损失,强化学习训练模拟器被广泛使用。谷歌在处理数据中心冷却问题中进行了实践:他们用神经网络模拟系统的动态环境,然后在模拟环境中进行强化学习训练[39]。我们也采用了类似的流程:先构建虚拟淘宝模拟器,然后在模拟器中离线尝试各种强化学习算法。我们希望模拟器上训练的策略在真实环境中也能得到比较好的结果,或者至少可以作为在线策略的一个比较好的初始值。

相对于模拟数据中心的动态变化,模拟数亿用户在真实环境下的行为显然更具挑战性。我们把用户行为看作由用户策略产生。

- 模仿学习(Imitation Learning,IL)是从历史数据中学习出策略的一种有效方法[106, 4]。

- 行为克隆（Behavior Cloning，BC）方法利用监督学习方法从历史的状态—动作对中学出策略[99]。行为克隆方法假设了数据是独立同分布的（i.i.d），但是实际中很难满足。
- 逆强化学习方法（IRL）从数据中学出奖励函数，然后根据奖励函数学出对应的策略。逆强化学习方法放宽了独立同分布的假设，但是仍然要求环境是静态的。

然而，在淘宝平台上，系统和环境是互相影响的，我们训练系统策略时，用户所构成的环境也会发生变化。由于上述问题，监督学习和逆强化学习都不太适合用来构建虚拟淘宝。

于是我们提出用"多智能体对抗模仿学习方法 MAIL"（Multi-agent Adversarial Imitation Learning）构建虚拟淘宝。我们可以直接用淘宝的线上策略作为模仿学习的环境，但是静态环境无法适应真实环境的动态变化。因此，我们在构建虚拟淘宝时，既学习用户行为的策略，也学习线上系统的策略。

注意，用户和系统是互为环境的关系，为了学习两方面的策略，MAIL 方法参考了 GAIL 方法[51]的思路，利用生成对抗模型[44]进行学习。MAIL 方法训练了一个判别器来区别真实数据和生成数据，判别器被作为学习用户策略的奖励函数。在这个过程中，我们需要学习策略来模拟用户的行为，而这些行为来自复杂而又很广的分布。

由于传统的 GAN（生成对抗网络）方法在模拟分布上效果并不是很好[112]，因而我们提出用增加了分布约束的 GAN-SD（模拟分布生成对抗网络）来模拟用户分布。

我们从数亿条用户行为记录中构建虚拟淘宝，并与真实环境进行对比。结果表明，虚拟淘宝有着和真实淘宝非常接近的性质。我们在虚拟淘宝上进行了强化学习策略训练，与在历史数据上进行传统的监督学习方法相比，虚拟淘宝上的策略在真实环境上有超过 3% 的提升。

5.2 问题描述

商品搜索是淘宝的一个核心问题。淘宝可以看作一个由搜索引擎和用户环境构成的一个系统。从引擎的角度来看,淘宝平台是按照如下方式工作的:一个用户打开淘宝客户端并发送一条搜索请求,搜索引擎根据用户及搜索请求,对商品进行排序,排序的结果以页面(PV)的形式展示给用户,用户看到页面之后,会根据自己的喜好给出一些反馈信号,例如,购买、翻页、离开,搜索引擎再根据这些反馈信号调整自己的策略。我们的目标是,通过调整引擎的排序策略,增加淘宝的销售额。用户的反馈信号往往受到之前多个页面的影响,因此把优化引擎策略的过程看成一种序列决策是合理的。

淘宝用户和搜索引擎互为环境,图 5.1 展示了它们之间的关系。下面介绍模型的一些细节。

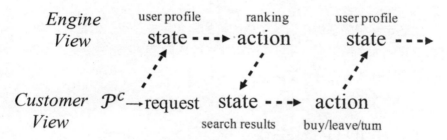

图 5.1 淘宝用户和搜索引擎互为环境

如果把搜索引擎视为智能体,那么淘宝用户作为对应的环境,商品搜索就是一个经典的序列决策问题。我们假设用户最多只能记得之前浏览过的有限个页面,不妨设为 m,换句话说,由于引擎和用户的相互作用,因此用户的行为只受之前 m 个引擎动作的影响。如果用 $a \in A$ 表示引擎的动作,用 $F(a)$ 表示用户在引擎动作 a 下做出的反馈。显然,根据上述假设,环境具有如下的马尔可夫性质:

$$F(a_n \mid a_{n_1}, a_{n-2}, \ldots, a_0) = F(a_n \mid a_{n-1}, \ldots, a_{n-m}) \quad (5.1)$$

为了简化过程,假设 $m = 1$,也就是说 $F(a_n \mid a_{n_1}, a_{n-2}, \ldots, a_0) = F(a_n \mid a_{n-1})$。

我们为引擎策略优化建立马尔可夫过程 $M = \langle S, A, \tau, R, \gamma \rangle$。

状态空间 S：引擎针对具体用户做出动作，所以我们把提取出来的用户特征及用户的请求作为状态。

动作空间 A：展示页面给用户是一个非常复杂的过程，我们把该过程抽象为一个 d 维的向量。

转移函数 τ：如果用户继续浏览，那么状态不变；如果用户离开淘宝或者购买了商品，那么状态发生改变。

奖励函数 R：由于我们的目标是增加淘宝的销售额，因此设计了如下奖励函数

$$R(s, a) = \begin{cases} 1, & 用户购买了商品 \\ 0, & 其他 \end{cases} \qquad (5.2)$$

上述定义明确了优化引擎策略所需的马尔可夫过程。但是，在淘宝中，每次采样的成本都很高，并且耗时可能长达几天。我们无法接受过多的在线探索，所以在线进行强化学习不太现实。

5.3 虚拟化淘宝

用户的购物过程也可以看作一个序列决策过程。

注意，用户的反馈只受前 m 个页面的影响，而引擎动作又受用户反馈的影响。因此，用户行为同样拥有马尔可夫性质。

用户养成购物习惯的过程可以看作用户在淘宝中优化自己的购物策略。为了和之前定义的马尔可夫过程 M 区别开来，我们用 $M^c = \langle S^c, A^c, \tau^c, R^c, \gamma^c, P^c \rangle$ 代表用户购物的马尔可夫过程。其中，P^c 是用户的初始分布。

状态空间 S^c：用户看到页面（可以视为引擎的动作）做出反馈。我们没

有将每个用户都视为一个单独的智能体，而是通过将用户特征添加到状态空间，将所有用户看作一个智能体。形式化地，$S^c = S \times A \times N$，其中$N$表示当前用户在浏览第几页。

动作空间A^c：用户的动作被定义为一个三维 one-hot 向量，表示购买、翻页、离开三个动作。

转移函数τ^c：当用户发送一条新的请求时，用户的状态会发生变化（包括引擎动作和页数）；当用户翻页时，引擎动作保持不变，但是页数会加一；如果用户购买了某件商品，那么过程终止。我们把状态s^c写为$\langle s,a,n \rangle$，转移函数可以如下定义：

$$\tau^c(s^c, a^c \mid P^c) = \begin{cases} \langle s', a', 0 \rangle, & a^c = \text{离开} \\ \langle s, a, n+1 \rangle, & a^c = \text{翻页} \\ \text{terminates}, & a^c = \text{购买} \end{cases} \quad (5.3)$$

当一个用户离开的时候，另外一个带着搜索请求的新用户$c \sim P^c$会进入，其中，状态$s' \in S$，a'是对应的引擎动作。

奖励函数R^c：我们假设用户在优化自己购物习惯的过程中，为了达到其想要的目标，会有一个潜在的奖励函数。

初始化用户分布P^c：由于存在各种不同的用户，因此我们用一个先验分布P^c来初始化用户，其中包含用户特征和搜索请求。

注意，初始化用户也会触发引擎动作。

5.3.1 用户生成策略

为了构建虚拟淘宝，首先要有一个用户。我们从先验分布P^c中采样一个用户U^c，其中包含的搜索请求可以触发引擎行为。我们希望构造一个可以生成类似真实用户的生成器。众所周知，GAN 就是为生成样本所设计的，它通过对抗的方式迭代优化一个生成器和一个判别器，来生成接近原始分布的样本，并且在图像领域获得了巨大的成功。我们也采用 GAN 的方式生成样本。

然而，在我们的场景下直接应用 GAN 存在一些问题，例如，它总是倾向于生成出现频率最高的用户。为了生成类似真实的用户分布，我们提出了 GAN-SD，具体流程见算法 3。和 GAN 类似，GAN-SD 也维护了一个生成器 G 和一个判别器 D。判别器的目标是通过最大化如下目标函数，区别真实数据和生成数据

$$E_{x \sim p_D}[\log D(x)] + E_{z \sim p_g}[\log(1 - D(G(z)))] \qquad (5.4)$$

算法 3：GAN-SD

1 输入：真实数据分布 P_D
2 初始化变量 θ_D, θ_G
3 **for** $i = 0,1,2,\ldots,k$ do
4   **for** $j = 0,1,2,\ldots,k$ do
5   从先验噪声 p_g 中采 m 个样本
6   从真实数据 p_D 中采 m 个样本
7   梯度方向更新生成器：
$$\nabla_{\theta_G} \mathop{E}_{p_g, p_D}[D(G(z)) + \alpha H(G(z)) - \beta KL(G(z)) \| x]$$
8   **end for**
9   从先验噪声 p_g 中采 m 个样本
10   从真实数据 p_D 中采 m 个样本
11   梯度方向更新判断器：
$$\nabla_{\theta_D} E_{p_D}[\log D(x)] + E_{p_G}[\log(1 - D(g(z)))]$$
12 **end for**
13 输出：用户分布 G

同时，生成器的目标是最大化如下目标函数

$$E_{x,z \sim p_g, p_D}[D(G(z)) + \alpha H(V(G(z))) - \beta KL(V(G(z)) \| V(x))] \qquad (5.5)$$

$G(z)$ 表示由噪声 z 生成的样本，$V(\cdot)$ 表示内部变量的类别函数。在我们的实现中，$V(\cdot)$ 表示用户的类别。$H(V(G(z)))$ 代表生成样本的熵，这一项用来生成更广泛的分布。$KL(V(G(z)) \| V(x))$ 是生成变量和真实变量之间的KL散

度，用来确保生成的熵和真实的不会相差太远。在有了熵和KL散度的约束之后，GAN-SD 可以学出一个由真实数据指导的生成器，可以获得比原生 GAN 更好的效果。

输入：真实数据分布p_D初始化变量θ_D, θ_G，从先验噪声p_g中采m个样本，从真实数据p_D中采m个样本梯度方向更新生成器：

$$\nabla_{\theta_G} \mathop{E}_{p_g,p_D} E[D(G(z)) + \alpha H(G(z)) - \beta \mathrm{KL}(G(z)||x)]$$

从先验噪声p_g中采m个样本，从真实数据p_D中采m个样本，梯度方向更新判别器：

$$\nabla_{\theta_D} E_{p_D}[\log D(x)] + E_{p_g}[\log(1 - D(G(z)))]$$

输出：用户分布G。

5.3.2 用户模仿策略

虚拟淘宝的核心是模拟用户策略。我们收集用户和引擎交互的历史数据，并从中学习。MAIL 方法也采用了 GAIL 的思路。GAIL[51]是从历史数据中模拟专家行为的一个有效的技术。GAIL 允许智能体在训练的过程中和环境进行交互，并不断优化奖励函数。注意，GAIL 需要获取环境到转移函数来进行交互。

与 GAIL 在一个静态到环境中训练智能体不同，MAIL 是一个多智能体方法，同时训练用户策略和引擎策略。这样有利于用户策略泛化到不同的引擎策略。

在 MAIL 中，为了模拟用户策略π^c，我们需要模拟环境M^c的p^c、$\mathcal{T}^c$，以及奖励函数R^c。我们把奖励函数定义为生成数据和真实数据的不可区分度。用强化学习最大化奖励函数，相当于尽量生成不可区分的数据。

交替优化两个策略，意味着非常大的搜索空间，效果不是很好。幸运的是，我们可以同时优化这两个策略，具体方式如下：

我们用k来参数化用户策略π_κ^c，用σ来参数化引擎策略π_σ，用θ来参数化奖励函数R_θ。那么根据M^c的定义，转移函数可以写为$\mathcal{T}_\sigma^c$。根据公式5.3，我们可以得到

$$\pi^c(s^c, a^c) = \pi^c(\langle s, a, n \rangle, a^c) = \pi^c(\langle s, \pi(s, \cdot), n \rangle, a^c) \quad (5.6)$$

也就是说，给定引擎策略参数σ，联合策略$\pi_{\kappa,\sigma}^c$可以被看作一个由S到A^c的映射。由于$S^c = S \times A$，方便起见，我们仍然将$\pi_{\kappa,\sigma}^c$视为S^c到A^c的一个映射。联合策略的定义使得同时优化两个策略成为可能。

算法4展示了MAIL的过程。MAIL算法需要历史轨迹τ_e和用户分布p^c作为输入。p^c通过GAN-SD事先训练好。首先，我们初始化k、σ、θ三个变量。然后，开始算法的主要部分：在每轮迭代中，我们会从用户与环境的交互中收集轨迹（4~11行）。接着，从生成的轨迹中采样，用梯度方法更新奖励函数的参数θ（12~13行）。最后，用强化学习方法优化联合策略$\pi_{\kappa,\sigma}$（14行）。迭代结束之后，算法返回用户策略π^c。

算法4：MAIL

1　输入：专家历史轨迹τ_e，用户分布p^c
2　初始化变量k，σ，θ
3　**for** $i = 0,1,2,...,I$ **do**
4　　**for** $j = 0,1,2,...,J$ **do**
5　　　$\tau_j = \varphi$　从分布p^c中采样用户请求
6　　　**while** NOT TERMINATED **do**
7　　　　$a^c \sim \pi(s^c, a^c)$
8　　　　把(s^c, a^c)添加到τ_j
9　　　　$s^c \sim T_\sigma^c(s^c, a^c \mid p^c)$
10　　 **end while**
11　 **end for**
12　从$\tau_{0\sim J}$采样轨迹τ_g
13　最大化如下目标函数，更新θ
　　　　　　$E_{\tau_g}[\log(R_\theta^c(s,a))] + E_{\tau_e}[\log(1 - R_\theta^c(s,a))]$
14　用强化学习方法优化$\pi_{k,\sigma}^c$来更新k, σ
15　**end for**
13　输出：用户策略π^c

5.4 实验与分析

5.4.1 实验设置

为了验证虚拟淘宝的效果，我们采用了以下三个指标。

总成交额（TT）：售出商品的总价值。

总成交量（TV）：售出商品的总量。

单页购买率（R2P）：发生购买的页面数与总页面数的比值。

在真实淘宝中，我们采用 TT 和 TV 两个指标。由于虚拟淘宝并未涉及商品价格预测和用户数量预测，所以离线实验采用 R2P 作为指标。为了便于比较真实环境和虚拟环境里的指标，我们事先在真实环境（一个测试桶）中投放了随机的引擎策略，然后收集了对应的轨迹作为历史数据（约 40 亿条记录）。注意，我们在构建虚拟淘宝时，并不需要知道引擎的具体策略。

我们把用户特征编码为 88 维 one-hot 向量。搜索引擎的动作是一个 27 维的实值向量。用户反馈是一个三维 one-hot 向量，表示"购买"、"翻页"和"离开"。

我们用 GAN-SD 模拟了用户分布 P^c，其中 $\alpha = \beta = 1$。然后，把 P^c 和历史数据作为输入，用 MAIL 方法训练了虚拟淘宝。MAIL 中的强化学习方法采用的是 TRPO。实验中的所有拟合或者分类函数都是用多层全连接神经网络（MLP）实现的。由于线上资源的原因，我们只能同时在线比较两个策略。

5.4.2 虚拟淘宝与真实淘宝对比

本节，我们会观察虚拟淘宝的种种性质。

关于特征的用户分布

不同用户的数据分布是验证虚拟淘宝性能的一个重要指标。我们用 p^c 产生了一百万个用户,并在不同的维度计算了它们的比例,例如,性别(男、女、未知),查询分类(从一到八),购买力(从一到三),是否为高端用户。我们把得到的结果和真实情况进行对比。我们用 M、F、U 表示男、女、未知,用 T、F 表示是、否。图 5.2 表明,虚拟淘宝的用户分布和真实情况下的分布非常接近。

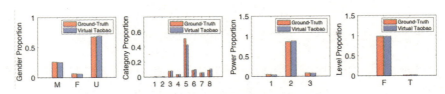

图 5.2　虚拟淘宝和真实淘宝用户分布对比

关于特征的 R2P 分布

不同类型的用户往往有不一样的购买率。有人倾向找到目标商品直接购买,有人倾向货比三家,这些都会通过 R2P 反映出来。我们比较了在虚拟淘宝和真实情况下关于特征的 R2P 分布。图 5.3 显示,我们的结果和真实的情况十分接近。

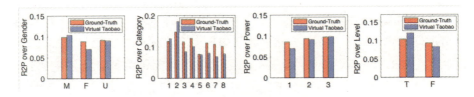

图 5.3　虚拟淘宝和真实淘宝用户 R2P 对比

R2P 随时间的变化

用户的真实单页购买率是随着时间而变化的,所以虚拟淘宝也应该有类似的性质。我们的用户模型并未涉及时间因素,因此,我们把历史数据按时间分成 12 份,在每一份数据上独立地用 MAIL 训练虚拟环境。然后,我们把历史引擎策略(随机策略)投放在这些虚拟环境中,计算单页购买率 R2P。图 5.4 展示了 R2P 随着时间的变化,从图中可以看出,虚拟淘宝反映了真实环境的 R2P 变化。

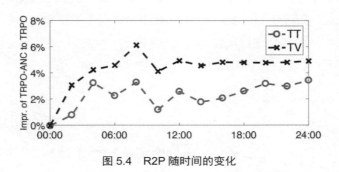

图 5.4　R2P 随时间的变化

5.4.3　虚拟淘宝中的强化学习

ANC:缓解虚拟淘宝中的过拟合

一个很显然的结论是,如果在虚拟环境中投放的引擎策略更接近真实策略,那么虚拟环境也会表现得与真实环境更相似。一个强大的强化学习算法,比如 TRPO,很容易在虚拟淘宝上过拟合,即它训练出来的策略在虚拟环境中可以表现得很好,在真实场景下却表现得很差。实际上,我们需要在虚拟淘宝上平衡精度和效果的关系,即希望得到的策略较之前的策略有较大的提高,但又不能离原策略太远。由于我们假设事先并不知道历史引擎策略,因此无法度量新旧策略的相似程度。然而我们观察到,历史数据中的引擎动作值往往很小,所以我们提出了**动作值约束**(Action Norm Constraint,ANC),用于控制引擎动作。当投放的引擎动作的大小超过了绝大多数历史动作时,我们会在奖励函数上除以一个惩罚项。具体来说,我们修改的奖励函数如下

$$r'(s,a) = \frac{r(s,a)}{1 + \rho \max\{\|a\| - \mu, 0\}} \quad (5.7)$$

在虚拟淘宝中,我们运行了 TRPO 算法,得到策略的 R2P 高达 0.3,这在真实环境中是几乎不可能的。显然,TRPO 在虚拟淘宝中过拟合了,我们

用 ANC 约束（其中，$\rho = 1, \mu = 0.01$）重新在虚拟淘宝上训练了 TRPO，R2P 降至 0.115。

为了验证 ANC 约束的效果，我们在真实环境中比较了上述得到的两个策略。图 5.5 展示了 TRPO-ANC 在 TT 和 TV 两个指标较 TRPO 的增量。TRPO-ANC 得到的策略在真实环境上总是好于 TRPO，也就是说，ANC 约束可以缓解过拟合。

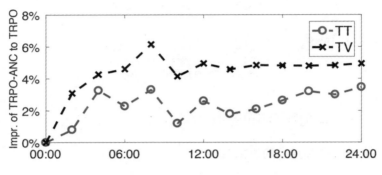

图 5.5　TRPO-ANC v.s. TRPO

MAIL 的泛化能力

我们从历史数据中构建虚拟淘宝，以期望它能服务于未来的线上策略，因此，虚拟淘宝的泛化性能非常重要。为了验证虚拟淘宝的泛化性能，我们在一天的历史数据里用 MAIL 方法构建了虚拟淘宝，并用隔了一天、一周、一个月的数据分别构建了三个虚拟淘宝。我们在第一个虚拟环境中运行了带 ANC 约束的 TRPO，并把得到的策略投放到后三个模拟环境，观察 R2P 的变化。我们用行为克隆（BC）的方法替换 MAIL，并重复了上述过程。图 5.6 显示了相比于随机策略，R2P 的增量。从图中可以看出，在 BC 构建的虚拟环境下，R2P 下降得很快，在使用相隔一个月的数据训练的虚拟环境上，甚至比随机算法做得还差。结果表明，MAIL 方法有更好的泛化能力。

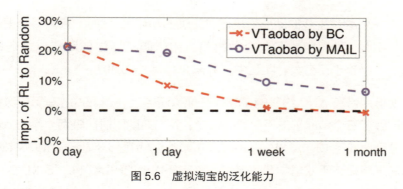

图 5.6　虚拟淘宝的泛化能力

线上实验

构建虚拟淘宝的目的是能够离线进行强化学习训练。我们将在虚拟淘宝上进行强化学习训练（RL+VTaobao）得到策略，与用监督学习在历史数据上得到的策略进行比较（SL+Data）。

注意，虚拟淘宝也是由历史数据构建的。

为了用监督学习进行训练，我们把历史数据分为两部分：S_0 表示没有购买行为的记录，S_1 表示有购买行为的记录。

第一个监督学习对比方法 SL_1 是传统的回归方法，直观来说，它希望生成一些"正确的动作"。

$$\pi_{SL_1}^* = \mathrm{argmin}_\pi \frac{1}{|S_1|} \sum_{(s,a)\in S_1} |\pi(s) - a|^2 \quad (5.8)$$

式 5.8 仅用到了 S_1 的信息。为了充分利用历史数据信息，SL_2 修改了损失函数，最优策略定义如下：

$$\pi_{SL_2}^* = \mathrm{argmin}_\pi \frac{1}{|S_1|}\sum_{(s,a)\in S_1} |\pi(s) - a|^2 - \frac{\lambda_1}{|S_2|}\sum_{(s,a)\in S_2}|\pi(s) - a|^2$$
$$+ \frac{\lambda_2}{|S|}\sum_{(s,a)\in S}|\pi(s)|^2 \quad (5.9)$$

式 5.9 尝试生成的动作更接近"正确的动作",同时,远离"错误的动作"。另外,我们增加了一个惩罚项,用于防止当生成动作过大的时候 $|\pi_\theta(s) - a|^2$ 趋于无穷大。实验中,$\lambda_1 = 0.3$,$\lambda_2 = 0.001$。

我们用带有 ANC 约束的 TRPO 在虚拟淘宝上、SL_1 和 SL_2 在历史数据上分别训练了三个策略。由于资源的限制,我们只能同时比较两个策略,所以我们分别比较了 RL v.s. SL_1 和 RL v.s.SL_2。图 5.7 和图 5.8 显示了 RL+VTaobao 得到的策略相比于监督学习的增量。真实环境中的 SL_1、SL_2 和 RL 的 R2P 分别为 0.096、0.098 和 0.101。结果表明,RL+VTaobao 总是好于 SL+Data。

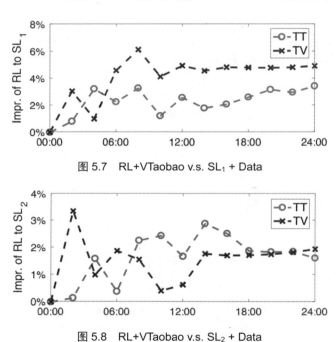

图 5.7　RL+VTaobao v.s. SL_1 + Data

图 5.8　RL+VTaobao v.s. SL_2 + Data

5.5　总结与展望

为了克服在淘宝搜索业务中进行强化学习训练成本高、耗时长等问题,我们构建了虚拟淘宝模拟器,通过多智能体对抗强化学习方法在历史数据上进行训练。实验表明，虚拟淘宝和真实环境有着相似的性质。我们在虚拟淘宝上进行强化学习训练，得到了比传统监督学习更好的策略。虚拟淘宝是一个非常有挑战性的工作，未来强化学习将会应用在更复杂的真实环境中。

第6章

组合优化视角下基于强化学习的精准定向广告 OCPC 业务优化

6.1 研究背景

在精准定向单品（按点击扣费）广告业务中，广告主会为广告设置一个固定出价，作用在指定的场景和定向类型下。如果广告主能够根据每一条流量的价值进行单独出价，则可以带来两点好处：

（1）广告主可以在各自的高价值（如点击、成交）流量上提高出价，而在普通流量上降低出价，如此容易获得较好的投资回报率（ROI）。

（2）流量细分后，平台能够提升广告与访客间的匹配效率，体现为点击率（CTR）、成交总额（GMV）等用户指标提升，而在大盘 ROI 不变的情况下，商业指标千次展现收入（RPM）也能相应提升。

在单品广告业务里，广告主无法对单流量价值进行评估并实时出价，所以这个根据价值预估做智能调价的担子自然落到了广告平台方的肩上。自 2016 年起，我们在智能调价方面进行了深入的技术探索，相关成果[148]已发表。

本章所述的是在已有的智能调价系统基础上进行的改进工作。智能调价系统的目标可以简单概括为：**在保障单广告主 ROI 的约束下，提升大盘 GMV、RPM**。我们认为，原系统在达成这个目标的解法上有以下几点可以持续改进。

（1）GMV、RPM 两指标的优化被分成单独的阶段，二者串联依赖于后阶段调整尽量保证前阶段排序不变，会带来效果损失。

（2）模型需要手动调参，限制了模型的复杂度和迭代效率。

（3）离线调参的评价标准是预估值，而非真实效果，所以离线最优参数很可能不是在线最优。

本次改进的目标是，将之前的基于预估值反馈的、多目标分离优化的离线学习，变为基于线上真实效果反馈的、多目标联合优化的在线实时学习。强化学习技术显然和我们的需求很匹配。

6.2　问题建模

6.2.1　奖赏设计

智能调价系统的目标是在保障单广告主 ROI 约束的前提下,提升大盘 GMV、RPM。关于 ROI 约束,目前我们通过在单个流量上根据预估转化率(CVR)和历史转化率(HCVR)计算调价上界(公式(6.1))的方法来保障。如此,我们问题中的奖赏就是 RPM、GMV 两个目标。

$$ocpc\_bid < \frac{cvr}{hcvr} bid \qquad (6.1)$$

6.2.2　动作定义

智能调价系统中的动作是每个广告的调价比例,更确切地说是本次参竞广告的调价比例构成的向量。

图 6.1 展示了我们对于 OCPC 问题的理解。如果仅考虑优化 RPM、GMV,我们可以先将每个广告调价到 ROI 所允许的最高值,然后为每个广告预估其展现奖赏 RPM + α GMV,最后按照奖赏从高到低排序,选出 a、b、c 三个广告进行展现。然而,这种做法打破了广告按照"千次展示可以获得的广告收入(ECPM)"排序的商业逻辑,也削弱了 OCPC 做调价的意义。

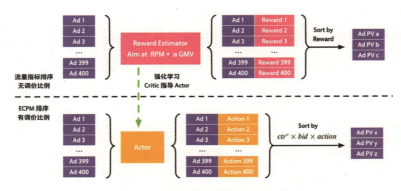

图 6.1　以调价比例为动作的 OCPC 问题

在 OCPC 业务中，**我们的动作被限定为调价比例，排序公式被限定为** $ctr^{\alpha} \times bid \times action$，但流量优化目标仍旧是 RPM $+ \alpha$ GMV，所以我们要尽可能保证调价后按 ECPM 排序的 Top3 广告 x、y、z 正是 a、b、c。在强化学习建模中，我们希望通过奖赏预估（Critic）指导动作生成网络（Actor）在每个广告上输出适当的调价比例达成两种排序的统一。

6.2.3 状态定义

在强化学习中，状态首先要能够决策动作继而优化（长期）奖赏，其次是合理转移。基于这两点，我们认为本次流量广告**候选集的全部打分**是我们需要的一类重要状态。接下来将分别说明。

（1）候选集信息是必要的。

（2）候选集信息主要指各种打分。

（3）候选集打分具有自然转移的用户状态。

候选集信息是必要的

在机器翻译任务中，我们使用 LSTM[52]模型建模句子已生成部分的隐状态（Hidden State），据此从全量词库中挑选一个词作为下一个输出。在这个任务里，我们每次选词的候选集是固定的，即全量词库，所以我们并没有将全量词库信息建模到状态里。

然而，在电商的搜索、推荐和广告业务中，出于效率的考量，我们会首先通过召回系统将本次选品范围限定在比全量商品/广告库小很多的一个候选集上，然后在这个候选集上应用排序算法或 OCPC。**用户请求不同，候选集也在变**，而正是因为候选集在变，所以我们在建模时就必须考虑候选集信息。举一个简单的例子，要想估计不同人的通勤时间、收入水平、居住地点等都只是一般化的特征，如果我们能确切地知道每个人选择的交通方式，那么这个信息显然可以帮助我们做更为精准的通勤时间预估。

候选集信息主要指各种打分

在电商任务中，候选集信息主要是候选集的全部打分。为说明这一点，我们不妨先把问题设定在最理想的环境下，有如下几点假设。

（1）强化学习中的折扣系数为 0，单个流量最优化就是全流量最优化。

（2）具备优化目标相关的全部因素，比如优化目标是 RPM，我们有每个广告的预估 CTR 和 BID。

（3）所有的预估值都是准确的，例如 CTR 和 BID 完全准确。

（4）从因素到优化目标的建模是准确的，例如输入三个广告的顺序和相应的预估 CTR、BID 值，建模能计算出准确的 RPM 收益（甚至已经考虑了三个广告的相互影响）。

在理想的环境下，我们不需要引入除候选集的全部打分外的任何信息，只需穷举广告三元组即可。

把假设条件稍微放松，如预估值或者优化目标建模有瑕疵，我们可以利用强化学习主动探索和对标真实奖赏的特性进行修正。

只有当一些假设严重失真的时候，我们才需要引入候选集的全部打分以外的信息，比如：

（1）当折扣系数大于 0 时，这意味着单流量最优化，并非全流量最优化，而候选集的全部打分只能做到单流量最优化，所以必然引入额外信息；

（2）优化目标相关因素不完备和部分预估值不准确，这二者其实有一定的重叠，它们都要求引入额外信息修正用户的点击、购买估计。

用一个简单的例子说明以上表述的道理。

开学初，老师说期末考题都在教材范围以内，熟练掌握教材就能得到满分。后来老师说，教材内容有错误，熟练掌握教材得 90 分还是有可能的，想得满分要同时参考教材勘误表。再后来老师又说，期末考题不限于教材范围，只看教材最多考 70 分，想得满分要另外参考一本国外教材。

候选集的全部打分其实就是教材，教材（候选集的全部打分）是考试（决策）考高分（获得最优奖赏）的基础，其他资料（如用户最近的行为偏好）是教材的纠正或补充。

候选集打分具有自然转移的用户状态

我们已经说明候选集信息必须引入，且候选集全部打分就是用于决策进而优化奖赏的一类重要信息，那么它是一个转移的状态么？答案是肯定的。

候选集的商品构成是召回系统根据用户最近状态挑选出来的，候选集的打分是排序模块根据用户最近的状态和广告自身信息计算出来的，所以候选集的全部打分完全可以被视为对当前用户状态的一种凝练。对于用户相邻两次的到访业务场景，候选集的构成和打分都会发生变化，这就是一个自然的转移过程。

综上所述，我们主要从逻辑分析角度解释了对状态的选择，其实还可以从建模角度理解。我们可以将在动作网络中使用预估值作为状态类比成使用没有端到端训练的 Embedding，如图 6.2 所示。

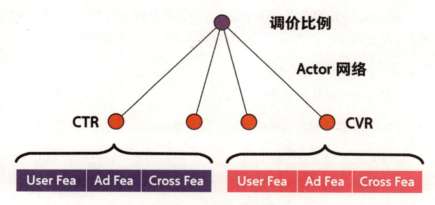

图 6.2　预估值是动作网络的 Embedding 输入

建模粒度

在建模粒度这个问题上，我们关心的是，应该将候选集的全部打分整体输入一个网络中，还是将每个广告的打分信息分别输入一个共享参数的网络中。我们称前者为 session 粒度建模，称后者为 ad 粒度建模。

对于这个问题我们并不陌生，ad 粒度建模就是在 CTR 预估中的一般做法。那么，为什么几乎没有见到过 session 粒度建模的预估方案呢？一个重要原因是，用监督学习直接建模组合优化问题，有很大的难度。

所谓组合优化问题，是指在电商环境下会面对的这样一类问题：**如何从一个大的候选集合中挑选一个子集，按照一定的顺序展现出来，实现流量指标（如 RPM、GMV）最优**。独立假设下的 ad 粒度预估排序是解决这类问题的一种高效、近似的手段。

基于上述认识，下面从强化学习的动作生成和值函数预估角度思考这两种建模粒度。

在 ad 粒度建模中，动作是每个 ad 的调价比例，和 CTR 模型输出预估值类似。

在 session 粒度建模中，动作的含义应该是**某种区分方式**，这种方式能够将 3 个最优广告和其他 397 个广告分开。这类动作包括但不限于以下几种可能：

（1）直接输出哪 3 个是最优广告。

（2）输出 400 维奖赏预估值向量，排序取最优的 3 个。

（3）输出 400 维调价比例向量，用调价比例和统一的公式给 400 个广告打分，排序取最优的 3 个。

（4）输出一个权重，用这个权重和统一的公式给 400 个广告打分，排序取最优的 3 个，如图 6.3 所示。

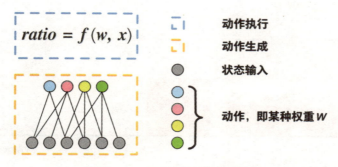

图 6.3　session 粒度建模举例

这四种动作网络的建模难度是一样大的，而第一种网络显然是想用监督学习直接建模组合优化问题。值函数预估上的分析与此类似，考虑到 session 粒度值函数预估实际上要完成两个任务：400 选 3 和 3 广告奖赏的预估。

除建模难度外，session 粒度建模还会导致动作生成（图 6.3 中橙色框）和动作执行（图 6.3 中蓝色框）两部分在优化上的耦合。强化学习并不会训练 f 函数，而 f 函数自身也有优化空间，如果我们调整了 f 或者 x，那么动作生成部分的状态输入或网络设计也很可能要随之变化。

总体而言，**我们面对的问题本质上是组合优化问题，组合优化问题自身的难度不会随着建模形式的变化而自动消除，它必然栖身于我们系统的某个环节中**。session 粒度建模是将组合优化问题的难度放入监督学习建模（值函数预估与动作生成）中，而 ad 粒度建模则将其放入单广告调价（独立假设，近似组合优化）与强化学习探索（探索组合优化解空间）中。

其实在 ad 粒度和 session 粒度之间还有一个 ad 组合粒度，GroupCTR 之类的任务就是尝试在组合粒度上做预估，以弥补独立预估假设的不足。无论是 ad 粒度，还是 ad 组合粒度，本质上都是从监督学习中剥离组合优化的难度，只是两者对组合优化问题的近似程度不同。图 6.4 展示了在组合优化问题上的一种可持续迭代的方法论：**一方面不断接近现有近似建模方案的效果天花板，另一方面让建模更接近原问题的组合优化本质**。

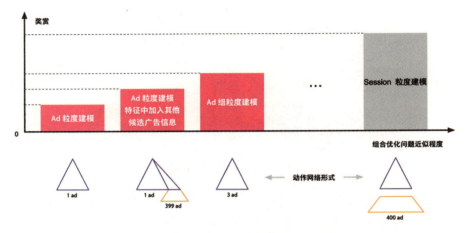

图 6.4 组合优化问题的可持续迭代方法论

最后，考虑到我们的动作是每个 ad 的调价比例，特别是最终要为每个 ad 单独计算 ECPM 进行排序，所以选择 ad 粒度建模。

6.3 模型选择

在模型选择方面，我们主要考虑三类方法。

（1）值函数估计方法，如 DQN[89]。

（2）Likelihood Ratio 策略梯度方法，如 Actor-Critic[65]。

（3）Pathwise Derivative 策略梯度方法，如 DDPG[79]。

DQN

DQN 是一种最直观的、将现有监督学习预估方法和强化学习结合，解决组合优化问题的方法，图 6.1 的上半部分其实就是 DQN 方案。在这种方案中：

（1）强化学习的探索转为监督学习解决训练样本不充分的问题。

（2）监督学习提供的预估 CTR、CVR 等可以帮助强化学习做更高效率的探索。

（3）强化学习的值函数预估对标真实奖赏。

（4）监督学习提供的预估 CTR、CVR 等可以作为强化学习值函数的输入。

DQN 方案可以应用于一般的搜索、推荐场景，但它并没有显式的建模动作。我们在 6.2 节中提到，从广告的商业逻辑和 OCPC 自身的产品定位看，显式定义一个 Actor 网络更合理，所以我们重点考察 DDPG 和 Actor-Critic。

Actor-Critic 与 DDPG

Actor-Critic 和 DDPG 的最大差异已经体现在所属方法的命名中。Actor-Critic 属于 Likelihood Ratio 方法，这种方法让 Actor 学习好动作的经验、吸取差动作的教训，这些动作都是真实发生过的，值函数预估主要起到调节动作样本权重的作用。DDPG 属于 Pathwise Derivative 方法，这种方法 Actor 的监督信息来自值函数的梯度，真实历史动作通过服务于值函数的学习间接影响 Actor 网络。

在 OCPC 任务中，我们较为倾向于使用 Actor-Critic 方法，有两方面原因。

（1）Actor-Critic 方法中的值函数预估主要起到调权的作用，所以可以做 ad 粒度建模，只对真实展现出来的广告组合做奖赏估计，然而 DDPG 里要用到值函数对动作的梯度，也就是要求做 session 粒度建模，我们已知这是在直接建模中的组合优化问题；

（2）奖赏预估，特别是其中的 GMV 预估尚不能保障预估值的精准性，用它做广告组合的优劣判别进而调整权重是可以的，但用它的梯度去指导 Actor 的训练可能会带来误差的传播。

6.4 探索学习

我们已经对奖赏、动作、状态、建模粒度和模型选择进行了深入讨论，接下来我们需要思考以下 3 个问题。

（1）如何做有效的探索。

（2）如何评价每个探索。

（3）如何把好的探索记录下来。

问题（2）其实就是值函数（Q、V）预估，在 ad 粒度建模下相对简单，我们重点关注问题（1）、（3）。

探索可以天马行空，我们可以任意扰动每个广告的调价比例，以改变展现出来的 3 个广告，关键是如何指导 Actor 网络把好的探索记录下来。

探索方式主要有两种，**动作空间扰动**和**参数空间扰动**。前者指在 Actor 网络输出的动作上加噪声，后者指在 Actor 网络的参数上加噪声，使动作输出发生变化。在用 Actor-Critic 建模 OCPC 问题的前提下，动作空间扰动会有三方面不足。

（1）动作空间扰动要学习一个好的动作，不仅要包括每个展现广告的调价比例，还要包括会对本次展现广告构成威胁的那些广告的当前调价比例，但即便你把这些广告及相应的调价比例都送给 Actor 网络学习，也无法保证这次好的动作探索能被复现。

（2）给 Actor 网络设定的动作标签并不稳定，因为未展现的广告调价比例只要小于等于当前比例就一定不会影响本次展现的广告，那么动作标签应该如何设定呢？（一种可能的解法是将广告调价限制为二值，即要么调到最高，要么调到最低，这么做和 DQN 方案区别不大。）

（3）动作空间扰动并不考虑扰动后的动作是否可被当前状态和 Actor 网络结构学习到，更增大了无法复现本次动作的可能性。

与动作空间扰动相比，参数空间扰动的好处：

（1）能够完整地复现本次动作，这个特性有助于记忆广告的二价率。

（2）梯度来源不是动作标签的反向传播，而是参数的扰动量。

（3）能复现本次动作的参数是确定性存在的。

总体而言，两者的区别在于梯度来源不同，动作空间扰动靠标签的反向传播获得梯度，而参数空间扰动的梯度就是扰动量本身。参数空间扰动也有其自身的局限性，可以说是**以牺牲一定程度的探索与学习的灵活性为代价，换取动作学习的稳定性。**

（1）探索灵活性：OCPC 中的每个广告可在一定区间内任意调价的灵活性增加了动作学习的难度，参数空间扰动把这种难度消除了。

（2）学习灵活性：当无法给监督学习指定稳定可靠的标签供其做反向传播时，我们只能使用遗传算法类的优化方法。

6.5 业务实战

6.5.1 系统设计

目前，我们的强化学习系统的总体设计如图 6.5 所示，这是在探索实践中不断迭代完善的结果。绿色虚线标出的是离线模拟流程，主要用来检验算法收敛性、定性测量状态输入或网络设计的有效性。灰色实线标出的是在线训练、服务流程，主要分以下几部分。

（1）OCPC 主逻辑，负责动作的生成与探索，并记录日志。

（2）状态服务，提供用户状态做流量端优化，提供广告主状态做广告主端优化。

（3）实时样本生成，分布式流处理系统做展现日志与奖赏信息的汇总，输出到消息队列供下游算法逻辑使用。

（4）分布式强化学习算法，执行 Actor-Critic 学习逻辑。

（5）模型服务，实时模型导出，供 OCPC 访问。

图 6.5　在线/离线强化学习系统设计

在 2017 年双 11、双 12 期间，我们系统中的 RL 核心算法尚不是分布式 Actor-Critic，而是一种进化策略方法 CEM（Cross Entropy Method）[102]。在我们看来，CEM 是满足上文所有建模思考的一种极简实现方案，有以下优势：

（1）CEM 通过参数空间扰动学习 Actor 网络，将蒙特卡罗采样真实奖赏替换成值函数预估，就构成了基本的 Actor-Critic 结构。

（2）CEM 在单参数扰动上的奖赏聚合逻辑有利于降低奖赏的方差，挑选高奖赏（Elite）部分更新参数的做法其实是通过相互比较去判断探索的好坏，而 Actor-Critic 则是用基线或优势函数做到这一点的。

（3）离线模拟显示，CEM 在数据上能稳定收敛，目标值近乎单调上升。

（4）CEM 工程实现代价低，其轻量特性便于快速迁移推广到其他需要策略学习的场景。

（5）CEM 逻辑简单，可解释性强，有助于前期快速验证状态输入、网络结构及奖赏设计的有效性，**在 CEM 中无效的状态、网络或奖赏在更复杂模型中也可能是发挥不出作用的**。

6.5.2 奖赏设计

我们要联合优化流量 RPM 与 GMV，但它们并不是完全独立的，甚至优化其中一个目标会对另一个目标带来负面影响。绘制帕累托曲面做多目标决策目前还只能在离线模拟中完成，在线上，我们还是使用简单加权目标作为奖赏。这当中要考虑到两个目标在量纲、量级和数据分布上的不同，因应用场景而异，就不详细展开了。下面分别介绍在 RPM、GMV 上的处理考量。

在二阶扣费逻辑下，RPM 很难在单广告粒度上预估准确，考虑到二价率的学习，以及场景下较高的点击率，我们决定使用真实反馈做 RPM 奖赏。然而，分析 CEM 训练过程发现，一些参数扰动点的 RPM 奖赏之所以高，是因为它们的广告候选集整体出价就很高，被状态中的 BID 特征捕捉到，所以在线 RPM 提升主要是 PPC（单次点击扣费）提升带来的。我们希望系统性地消除不同广告候选集的出价偏差，于是提出以公式（6.2）作为奖赏，该式表达的是**系统在单位出价上的营收能力**。

$$\frac{\sum_{\text{click}} \text{cost}}{\sum_{\text{pv}} \text{bid}} \quad (6.2)$$

在我们的业务场景下，GMV 奖赏很稀疏，而且因为笔单价不同，奖赏值的波动还很大。不仅如此，GMV 奖赏的延迟时间还很长，即用户从点击到购买需要较长时间。针对稀疏、波动和延迟的性质，我们有必要使用值函数预估的方法对 GMV 做估计。在双 11 期间，我们使用辅助 GMV 奖赏的方法，其实就是一种简单的值函数预估方法。具体做法是，线上有一个 GMV 最优策略桶，智能调价桶会先用这个 GMV 最优策略给自己的广告候选集排序，把广告的排序折算为 CEM 算法中的 GMV 奖赏。

6.5.3 实验效果

在双 11 预热期，我们进行了十天完整的实验，基准桶无强化学习方法。十天累积效果，GMV 持平，RPM 提升 11%，其中 CTR 提升 4%，而 PPC 提升由两部分带来，分别是（在保自身 ROI 的情况下）提高出价和提升二价率。

双 11 零点，我们以前一天参数为初值重新训练。全天效果，GMV 提升 6%，几乎全部由 CTR 提升带来，RPM 提升 11%。在之后的 11 月 12 日，这种提升效果仍旧能够保持。

双 12 前，我们将动作网络从线性模型升级为神经网络，并在状态中加入了广告定向类型，考虑到一些定向的兴趣指向和实时性可以帮助我们更好地建模用户购买意愿。在双 12 期间，我们进行了 12 天完整的实验，基准桶是双 11 强化学习最优桶。12 天累积效果，RPM 提升 1%，GMV 提升 4%，其中 CTR、CVR 的贡献占五成，笔单价贡献了另外一半。

6.6 总结与展望

现如今，强化学习在电商领域乃至整个工业界的应用方兴未艾，我们在 OCPC 业务上的实践只是大浪潮中的一朵浪花，能够将自己的探索历程和思考撰写成文与读者共享是我们的荣幸。

随着思考与实践的深入，我们有一种感觉越发强烈，那就是多想想强化学习能给我们现有解决方案带来什么，比直接思考如何在业务上做强化学习建模更有效。强化学习是一个通用的问题解决框架，核心思想是 Trial & Error，它不是能替代我们思考业务本质的黑魔法，而是在我们认清问题本质的前提下帮助我们优化解法的工具。

具体到 OCPC 业务上，我们认为动作受限下的组合优化是问题的本质，这个组合优化难度不因强化学习的引入而消除，强化学习给我们提供的是解决组合优化问题的可持续迭代方案。此外，值函数预估支持直接对标长期终局指标，策略梯度定理允许我们将系统中难以建模的部分黑盒化。总而言之，**强化学习要素的引入让现有的独立预估方案在解法上更适配原始问题的组合优化属性**。

在具体的算法迭代中，我们一直是小步快跑，希望通过严谨细致的实验对比，理清每一小步的收益。我们坚信，只有充分理解现有做法的成败原因，才能明确未来迭代的提升方向。

最后，结合经验与思考，我们认为 OCPC 强化学习下一阶段的重点研究方向主要有以下几点。

（1）状态设计：进一步引入有效状态作为候选集全部打分的修正或补充，特别是引入广告主状态做全流量 ROI 优化。

（2）探索效率：结合启发式方法不断提升组合优化问题空间的探索效率。

（3）值函数预估：进一步提升奖赏预估精度，并提高值函数预估样本利用率。

第 7 章
策略优化方法在搜索广告排序和竞价机制中的应用

7.1 研究背景

搜索广告业务是阿里巴巴电商体系下最重要的一个业务，在创造整个集团大部分营收的同时，也承担着重要的生态调节功能，是帮助商家成长的"快车道"和"名校"。随着大数据和算法越来越深刻地影响业务的发展，技术已经成为搜索营销业务的核心驱动力。

搜索广告的竞价和排序遵循下面的业务流程：广告在竞价词上定义自己的出价，对于每个广告位，搜索广告引擎根据广告质量（包括广告的点击率、转化率等）和广告主的出价，对候选广告集合进行排序，排名第一位的广告获得当前广告位的展示机会。阿里巴巴搜索广告业务采取用户点击扣费的收费模式，即当有用户点击广告时，系统才对广告对应的广告主进行扣费。从整个业务流程来看，每一次搜索广告的展示都涉及广告商、用户和平台三方的利益。对于广告商来说，借助搜索广告的流量获取作用，通过竞价来提升商品的曝光率，从而提高商品的销量；对于用户来说，用户在平台中搜索自己感兴趣的商品，希望平台能够提供更具个性化的推荐结果，从而提高浏览的效率和体验；而对搜索广告平台来说，希望在保证广告商诉求和用户体验的前提下，不断提高自己的收益。同时，最大化这三方利益的关键是选择合适的广告和合适的扣费标准。在我们的场景下，通过优化排序公式来达到这样的目的。一方面，排序公式决定了哪个广告会最终被展示出来；另一方面，我们的搜索广告平台采用**二价扣费机制**（Generalized Second Price，GSP）进行点击扣费计算，这种计费方式按照保证展示广告能够维持自己排序位置的最低出价对广告商扣费。也就是说，排序公式也决定了广告最后的收费标准。

由于用户在淘宝搜索之后的浏览过程可以看作一种与平台连续交互的过程，我们提出一种**策略优化算法**（Policy Optimization），来优化不同搜索场景下的排序公式，该算法可以针对某一目标或者多目标的组合进行实时调优。具体来说，我们将策略优化问题描述成一个强化学习问题，利用强化学习序列优化的能力进行策略的优化。在模型的学习方面，提出了基于仿真系统的策略初始化方法和基于演化策略（Evolution Strategy）的在线学习方法。

7.2 数学模型和优化方法

如前文所述，排序公式将直接影响广告主、用户和平台的收益，对广告主来说，能够获取展示机会是商家进行商品推广的重要前提；对用户来说，展示高质量的广告将有助于提升用户的满意度；对平台来说，用户是否点击和点击之后的扣费将决定平台最终的收益，而用户和广告商的满意度也恰恰是维护平台长期收益的前提。因此，一个好的排序公式无疑对三方都有重要的作用。那么应该怎样进行排序公式的优化呢？一方面，搜索广告的优化具有场景相关性的特点，搜索广告和原生搜索结果同时展示在搜索结果流里，两者互为上下文，广告是否能吸引用户的眼球，并且在风格和内容上保证用户体验是优化的目标之一。从排序公式的场景相关性来看，可以把排序公式的学习定义如下

$$a = A(s) \quad (7.1)$$

其中，a 表示对排序公式的参数化描述，s 为当前请求的上下文环境，即 $s = <\text{User}, \text{Query}, \text{Ads}>$。Ads 表示当前的候选广告集合。另一方面，搜索广告的优化具有全局选优而非单点最优的特点，从上面提到的用户和平台的序列交互过程来看，我们希望优化的是广告展示序列的收益最大化而非单点的收益最优。也就是说，对于式（7.1），在每个单点场景 s 会获得一个"奖励" r_s，希望在序列交互过程中总的奖励之和（$\sum_s r_s$）最大。

将排序公式的学习抽象成一个模型后，想要进行优化还需要回答两个问题：

（1）优化目标是什么？

（2）哪些因素能够影响优化目标，也就是在目标优化的过程中有哪些方法可以解决问题。

首先是优化目标问题，搜索广告核心任务是给公司带来盈利，因此一个直观的目标就是提高平均千次广告展示获得的总广告商扣费（RPM）。而且手淘体系是一个完整购物链路，保持长期的效益离不开参与者（用户和广告主）的参与，因此搜索广告在不断提高收入的同时要兼顾用户和广告主的诉求。从指标角度来说，表示不断提高 RPM 兼顾广告点击率（CTR）、转化率（CVR）和成交金额（GMV）等指标。

有了目标之后还需要找到优化目标的方法从而实现目标优化工作。首先是用户是否点击或者购买，只有点击平台才能获得收入，只有购买广告主的推广诉求才能被最直接地表达出来。如上文所述，搜索广告结果在展示页面是和自然搜索（主搜）的结果混合排列的（搜索广告在每一页有固定的展示位置），这就使得用户对广告的响应（点击或者购买）除了受广告本身质量的影响，还受自然搜索广告结果的影响。因此，搜索广告的效果需要考虑自然搜索的结果。当然从业务流程来看，策略端在进行广告打分排序时是获取不到自然搜索结果的，但是自然搜索结果仍然是由用户的搜索关键词和本身的特点召回的，具有相似的上下文环境。此外，用户对搜索广告和自然搜索结果的不同响应也是我们比较 ad 和自然搜索结果的重要手段。也就是说模型 $a = A(s)$ 需要感知上下文环境并根据上下文特点给出相应的排序参数 a。当用户愿意点击广告时，我们还能做什么呢？一个最直接的问题就是扣费，扣费的多少直接影响平台的收入情况。在 GSP 的扣费计算公式下，相邻两个广告的排序分的紧凑程度会对扣费产生影响，在个性化广告召回的算法下，不同的用户，不同的上下文环境召回的广告集合都是不同的。如果能够感知候选广告集合的分布，就有可能预估不同排序参数下的扣费情况，从而对扣费进行调节。也就是说感知候选广告分布，预估扣费也将是我们实现目标优化的一种手段。此外，我们还需要考虑的是，用户的浏览是一个过程，用户对前一次PV展示的响应必然会对后面的浏览产生影响，因此一个完整的优化需要考虑整个浏览过程，对策略端来说是否考虑到用户的历史行为就可以实现一个完整浏览过程的优化呢？不是的，因为策略端在每一次进行广告打分排序时都是一个博弈的过程，这里可以做一些简化和类比。我们假定候选广告集合不变，用户连续地浏览广告，从策略端来看这件事情就变成了策略端每次从广告集合中无重复地拿出广告展示给用户，并按照这个广告和排在第二位的广告的紧密程度进行扣费。这个过程就像田忌赛马，并不是每次拿出质量分最高的就能获得最好的结果。从这个角度看，排序公式优化就像是一个博弈过程，需要全局的统筹规划。

上面分析了排序优化的三个可能的方法，那么应该建立一个什么样的模型才能让方法运行起来呢？模型方面选择了强化学习，主要从以下几个方面考虑：

（1）强化学习是对MDP过程进行建模的，这一点和面向浏览过程的优化目标一致。

（2）强化学习尤其是深度强化学习的研究和发展，为在复杂场景下的策略优化提供了理论上的保证。

（3）强化学习是面向综合收益最大化的优化（$V(s_t) = r_t + \eta \cdot V(s_{t+1})$），这和希望的长期目标最优化是一致的。

（4）强化学习的奖励函数的设计是灵活的，可以是连续的、离散的或者不可导的。这一点和优化目标可以进行很好的融合，比如面向RPM和CTR进行优化，则可以将奖励函数设计为 $r = \text{rpm} + \lambda \cdot \text{ctr}$。

7.3 排序公式设计

为使排序公式对于广告商、用户和平台收益具有调控能力，我们设计如下所示的排序公式：

$$\phi(s, a, \text{ad}) = \underbrace{f_{a_1}(\text{CTR}) \cdot \text{bid}}_{\text{platform}} + a_2 \cdot \underbrace{f_{a_3}(\text{CTR}, \text{CVR})}_{\text{user}} + a_4 \cdot \underbrace{f_{a_5}(\text{CVR}, \text{price})}_{\text{advertiser}} \quad (7.2)$$

其中，$a = a_i$ $(i = 1, \ldots, 5)$ 表示排序公式的参数，bid表示用户对广告ad的出价，price表示广告对应商品的价格，CTR、CVR为系统预测点击概率和转化概率。排序公式中的 f_{a_1} 可以认为是平台收入的期望值；f_{a_3} 考虑了用户的点击概率和转化概率，主要用于描述用户的满意程度；f_{a_5}考虑了与购买相关的因素，表示广告主可能的收益。此外，a_2、a_4用于调节后两个因素的平衡关系。我们用ad、ad'表示排在相邻的两个位置之间的广告，则根据 GSP 的扣费计算方式，可以计算当前点击扣费为：

$$\text{click\_price} = \frac{\phi(s, a, \text{ad}') - (a_2 \cdot f_{a_3}(\text{CTR}, \text{CVR}) + a_4 \cdot f_{a_5}(\text{CVR}, \text{price}))}{f_{a_1}(\text{CTR})} \quad (7.3)$$

7.4 系统简介

现有的强化学习方法大多应用于虚拟场景，特别是游戏场景。对于像广告这种场景的应用，需要考虑的一个重要问题是初始化和探索过程对于平台效果的影响。因此，我们设计了如图 7.1 所示的系统架构。系统主要由三个模块构成：离线搜索广告仿真模块、离线强化学习模块和在线策略优化模块。离线仿真模块主要用于仿真不同策略函数参数的影响，如计算不同策略下候选广告的排序结果，可能的用户行为和扣费情况。仿真模块的使用可以使系统在离线的情况下充分探索可能的策略，同时不损害线上用户的真实体验。离线强化学习模块主要根据仿真模块产生的结果学习最优的离线策略，完成策略模型的初始化工作。当然，离线仿真不可能代表线上的真实环境，需要根据线上的真实反馈调节策略模型，这部分工作主要由在线策略优化模块完成。

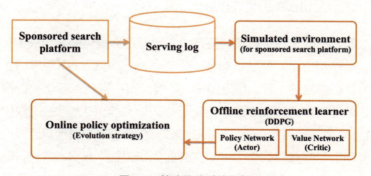

图 7.1 策略优化系统框架

7.4.1 离线仿真模块

利用离线仿真模块一方面可以为强化学习进行环境探索产生大量的训练样本，从而保证强化学习算法的有效性；另一方面可以避免环境探索对线上真实环境的影响，避免"不好"的策略对用户体验、平台收益造成损失。排序结果会受到很多因素的影响，如广告主的预算、竞价价格的变动以及用户的偏好等因素，理想化的仿真系统相当于复制全套的线上系统，而线上系统会受到广告商预算、用户分布等多维因素的影响，模拟难度很大。为了简化仿真系统，我们的仿真系统通过记录线上每次广告展示对应的上下文环境（user,query）和候选广告集合，在此基础上对不同策略函数参数进行仿真，得到新的用于展示的广告并计算相关的点击扣费click_price，并用CTR、CVR预估用户的行为。在奖励函数的设计上，如果面向用户点击和平台收益进行优化，则奖赏函数可以设计为：

$$r(s_t, a_t) = \text{CTR} \cdot \text{click\_price} + \delta \cdot \text{CTR} \qquad (7.4)$$

其中，δ是调节因子，用于调节点击率和扣费之间的平衡。

这里需要说明的是，算法预估的CTR（CVR）和线上广告真实的点击率并不相等，因此为了使仿真系统的用户响应估计更加贴近线上的真实情况，系统会对CTR（CVR）的结果进行标定，并用标定的结果计算奖赏。对于标定方法，使用 Isotonic regression method[10]。

7.4.2 离线训练初始化

在上面介绍的离线仿真模块基础上，我们定义强化学习相关的因素，包括状态、动作和奖励以及状态转移。对于状态s，我们使用用户请求时的上下文作为状态的描述，可以包括用户、关键词和广告列表等相关的搜索上下文信息，包括用户的建模信息、历史行为等。动作a即为排序函数中的参数$a = \{a_i\}_{i=1}^5$。奖励函数由公式（7.4）定义的$r(s_t, a_t)$的方式计算。假设用户在同一关键词下的浏览序列作为一次完整的浏览过程，那么一个 Episode 就是用户从第一页开始的浏览序列，状态之间的转移就是用户在浏览不同页面之前的迁移或者离开。

在强化学习模型的选择上，我们主要考虑两个因素，第一个是在个性化的广告系统中，前一页的展示结果和用户行为会对后续页的广告打分（CTR,CVR）产生影响，这是目前离线仿真系统无法仿真的（只能对每个展示机会相互独立的进行仿真）。因此，需要使用一种 off-policy 的强化学习模型。另一个是动作空间 $a \in A$ 是连续的，因此需要使用一种连续策略优化方法。考虑上述两种因素，我们使用（DDPG）[80]模型进行离线强化学习。

DDPG 网络结构

本文使用的 DDPG 模型是基于 Actor-Critic 架构的，具体的网络结构如图 7.2 所示。因为输入的状态 s 特征都是 ID 化的，因此所有的 ID 特征会经过一个 embedding 层进行特征编码。激活函数选择 ELU 函数[25]，当实验中发现使用 Sigmoid 和 ReLU 作为激活函数时，当输出的动作 a 偏移中心位置较远时，产生的梯度值很小，收敛速度很慢或者不收敛。此外，对于 Critic 函数的输出，采用了 dueling architecture[138]的网络结构，即将输出的 $Q(s,a)$ 表示成 $V(s) + A(s,a)$，dueling 结构的使用可以使 Critic 在学习过程中侧重能够获得更多奖励的动作。在实验中，由于数据的方差比较大，我们观察到 a 的更新可能会比较剧烈，为了保证输出的动作 a 在可控的范围内，利用 clip method 方法对输出进行截断。

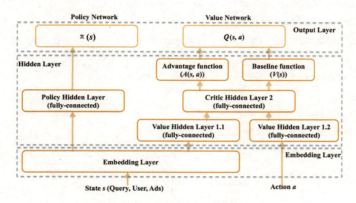

图 7.2　DDPG 网络结构

异步 DDPG 学习

在 DDPG 学习过程中，我们采用异步学习的方式，学习流程如图 7.3 所示。在仿真环境中，我们用不同策略的 Agent 进行动作空间的探索，从而生成训练样本 $<s_t, a_t, r_t, s_{t+1}>$，不同的 worker 会计算网络梯度并将梯度计算结果发给参数服务器，参数服务器每 N 步进行网络参数的更新。异步更新算法如算法 5 所示。

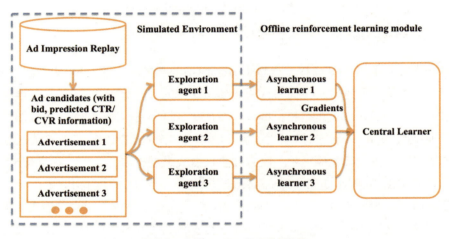

图 7.3　离线 DDPG 学习流程框架

算法 5：Asynchronous DDPG Learning

Input：Simulated transition tuple set τ in the form $\phi = \langle s_t, a_t, r_t, s_{t+1} \rangle$
Output：Strategy Network $\pi_{\theta_\pi}(s_t)$

1　Initialize critic network $Q_{\theta_Q}(s_t, a_t)$ with parameter θ_Q andActornetwork $\pi_{\theta_\pi}(s_t)$ with parameter θ_π；
2　Initialize target network Q'，π' with weights $\theta_{Q'} \leftarrow \theta_Q$，$\theta_{\pi'} \leftarrow \theta_\pi$；
3　**repeat**
4　　　　Update network parameters θ_Q，$\theta_{\pi'}$，θ_π and $\theta_{\pi'}$ from parameter server；
5　　　　Sampling subset $\psi = \{\psi_1, \psi_2, ..., \psi_m\}$ from τ；
6　　　　For each ψ_i，calculate $Q^* = r_t + \gamma Q'(s_{t+1}, \pi'(s_t))$；
7　　　　Calculate critic loss $L = \sum_{\psi_i \in \Psi} \frac{1}{2}(Q^* - Q(s_t, a_t))^2$；
8　　　　Compute gradients of Q with respect to θ_Q by $\nabla_{\theta_Q} Q = \frac{\partial L}{\partial \theta_Q}$；

9	Compute gradients of π with respect to θ_π by $\nabla_{\theta_\pi}\pi = \sum_{\psi_t \in \Psi}\frac{\partial Q(s_t, \pi(s_t))}{\partial \pi(s_t)} \cdot \frac{\partial \pi(s_t)}{\partial \theta_\pi} = \sum_{\psi_t \in \Psi}\frac{\partial A(s_t, \pi(s_t))}{\partial \pi(s_t)} \cdot \frac{\partial \pi(s_t)}{\partial \theta_\pi}$;
10	Send gradients $\nabla_{\theta_Q}Q$ and $\nabla_{\theta_\pi}\pi$ to the parameter server;
11	Update θ_Q and θ_π with $\nabla_{\theta_Q}Q$ and $\nabla_{\theta_\pi}\pi$ for each global N steps by gradients method;
12	Update θ_Q and θ_π by $\theta_{Q'} \leftarrow \theta_{Q'} + (1-\tau)\theta_Q$, $\theta_{\pi'} \leftarrow \theta_{\pi'} + (1-\tau)\theta_\pi$;
13	**until** convergence

7.5 在线策略优化

尽管在策略优化学习的过程中，我们使用了离线仿真模型进行策略空间的探索并对预估结果进行了奖励标定，但是仿真的结果并不能代表用户的真实行为。因为用户的行为会受到其他环境因素的影响，而且正如在仿真系统中提到的，仿真系统仍有很多因素没有考虑，如广告主的预算、出价等信息，仿真系统无法得到序列化的仿真结果。因此，策略优化算法需要根据线上的真实反馈进行在线学习。

对于在线学习方法，我们利用 Evolution Strategy[104]方法进行在线策略更新。对于给定的排序策略模型$\pi_\theta(s_t)$，Evolution Strategy 通过执行以下两步进行策略的探索和模型的更新：

（1）在模型参数空间θ加入高斯噪声产生探索动作a；

（2）统计在不同噪声下策略得到的reward结果，并根据结果来更新网络参数。

假设我们对参数空间进行n次扰动，产生扰动后的参数空间$\theta_\pi = \{\theta_\pi + \epsilon_1, \theta_\pi + \epsilon_2, \ldots, \theta_\pi + \epsilon_n\}$，对应的线上的实际奖励为$R_i$，则参数的更新的方法为

$$\theta'_\pi = \theta_\pi + \eta\frac{1}{n\sigma}\sum_{i=1}^{n}\overline{R_i}\,\epsilon_i \qquad (7.5)$$

其中η表示学习率。使用 Evolution Strategy 进行模型参数更新，具有三

点优势。首先 Evolution Strategy 是一种无梯度（derivative-free）的优化方式，使用这种更新方式可以避免计算梯度带来的计算量；其次，在分布式参数服务器框架下，每一个 worker 只需要把奖赏数值传给参数服务器即可，可以大幅度降低在线学习对网络带宽的需求；最后，这种方法以一个 episode 整体计算奖励，而不必考虑状态转移过程中奖励稀疏性对算法的影响，从而实现基于浏览序列的整体优化效果。

7.6 实验与分析

我们通过实验验证以下问题，第一，模型是否能够收敛到最优解？第二，不同的网络架构和参数设计会对于模型收敛性有什么影响？第三，在线更新对于提高模型的线上效果的增益大概是多少？

针对第一、二个问题，我们采用简单的搜索上下文特征表示 s，只使用查询词 ID 来表示 s，在这种简单的表示情况下，通过在离线仿真平台上对排序函数参数集合 a 进行滑动窗口搜索，可以找到排序函数参数集合的最优值，对比从 DDPG 搜索到的最优值和滑动窗口得到的最优值，即可判断方法的收敛性。在图 7.4 和图 7.5 中，我们比较了不同模型配置情况下的训练收敛性。其中参数配置如表 7.1 所示，从结果中可以发现以下结论。

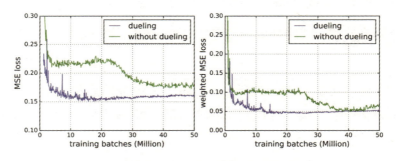

图 7.4　使用 dueling 结构对于收敛性的影响

（1）dueling 通过将奖励函数和优势函数区分对待，明显地提升了模型的收敛性质；

（2）由于数据的方差比较大，选取大的训练数据集合尺寸（batch size）对于收敛有正向作用；

（3）使用衰减的学习率对于收敛有正向作用。

表 7.1　图 7.5 中的模型参数设置

ID	Learning rate	Regularization	Batch size
decay	exponential decay	1.0e-5	50k
low	**1.0e-5**	1.0e-5	50k
high	**1.0e-4**	1.0e-5	50k
batch size	exponential decay	1.0e-5	**10k**
regular	exponential decay	**1.0e-3**	50k

针对问题三，我们将 DDPG 学习到策略模型放到线上进行 2% 流量测试，并用 ES 进行策略更新。实验进行了 4 天，主要比较了 CTR、PPC 和 RPM 指标的变化情况，实验结果如图 7.5 所示。从结果中不难发现，在线更新对于算法效果的正向作用。

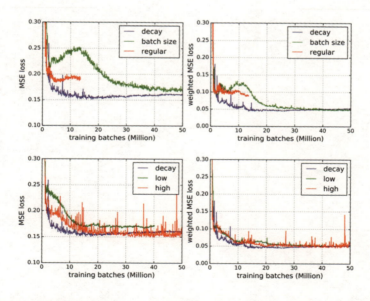

图 7.5　使用不同的衰减因子，不同的批训练数据集合大小（batch size）对于收敛性的影响

7.7　总结与展望

在本节中，在吸取了强化学习和遗传策略（evolution strategy）的优势的基础上，我们提出了一套在线上系统上实现可行的策略学习方案。通过建立离线仿真模型，完成了在不损失线上系统性能的前提下对策略函数（动作函数）的最大化探索；由于线上线下数据的不一致性，直接使用线上数据来更新离线仿真数据中学习的策略函数会面临数据分布不一致等问题，通过使用遗传策略的方法，实现了方法的在线更新，并且在淘宝搜索广告系统上实现了效果的稳定增益。

第 8 章

TaskBot——阿里小蜜的任务型问答技术

8.1 研究背景

在阿里小蜜里,除了问答和开放域聊天之外,还有一种任务型问答。这里的任务型问答是指由任务驱动的多轮对话,需要在对话中协助用户完成某个任务,比如订机票、订酒店等。传统的任务型问答通常是由填槽技术[75](slot filling)完成的,需要较多的人工模板和规则加上大量的训练语料组成。我们在阿里小蜜里尝试了一个端到端可训练的任务机器人(TaskBot)方案,基于强化学习和**神经信念跟踪技术**(Neural Belief Tracker),旨在快速搭建一个任务型的对话服务。

下面在订机票这个业务上,展示一个完整的任务型的多轮对话过程,如图 8.1 所示。

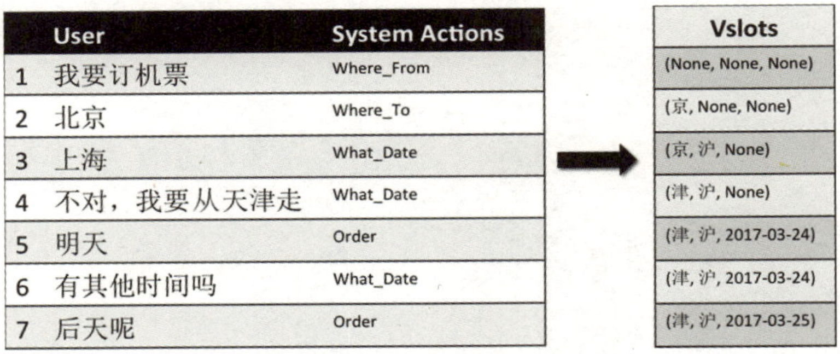

	User	System Actions	Vslots
1	我要订机票	Where_From	(None, None, None)
2	北京	Where_To	(京, None, None)
3	上海	What_Date	(京, 沪, None)
4	不对,我要从天津走	What_Date	(津, 沪, None)
5	明天	Order	(津, 沪, 2017-03-24)
6	有其他时间吗	What_Date	(津, 沪, 2017-03-24)
7	后天呢	Order	(津, 沪, 2017-03-25)

图 8.1 订机票场景中需要的系统反馈和 slot 状态示例

这里系统会反问一些用户信息,比方说:请问您从哪里出发($where\_from$),请问您要到哪里去($where\_to$),还有最终下订单($order$)这个动作。除此之外,还需要记录目前获取到的 slot 状态(V_{slots}),方便之后出订单。因此,这里涉及两个任务。

- 动作策略(Action policy):系统如何给出合适的回复(反问或者出订单);
- 信念跟踪(Belief tracker):如何抽取 slot 状态。因为需要产出订单,所以在每轮对话中都需要抽取当前用户给出的 slot 信息。

对于第一个任务，这是一个多轮对话，而且我们可以收集到用户的反馈（继续聊天、退出、下单等操作），所以我们尝试了深度强化学习来做这件事情。对于第二个任务，深度学习技术在序列预测里有非常不错的效果，我们便尝试了深度学习的方法。

8.2 模型设计

我们的系统整体结构分为了数据预处理层，以强化学习为中心的端到端的对话管理层和任务生成层。其中，数据预处理层包括常见的分词、实体抽取等模块，基于这些模块的输出接入以强化学习为中心的对话管理层。

其中，强化学习模块主要包括以下三个部分，意图网络（Intent network）用来处理用户的输入，信念跟踪记录 slot 信息，策略网络（Policy network）决定系统的动作（反问哪个 slot，或者出订单）。

8.2.1 意图网络

这里我们尝试了循环神经网络（RNN）和卷积神经网络（CNN），在实验中我们发现 CNN 和 RNN 效果差不多，但是 CNN 的速度会快一倍，所以我们最后采用 CNN 的方案。网络结构参考了"Convolutional neural networks for sentence classification"[62]，具体结构如图 8.2 所示。这里展示的是单层的 CNN，我们也尝试了多层的 CNN，在订机票的任务里面差别不大。简单来说，我们用 CNN 学一个 sentence embedding 来表征用户的意图，这个信息作为后面的策略网络的输入。

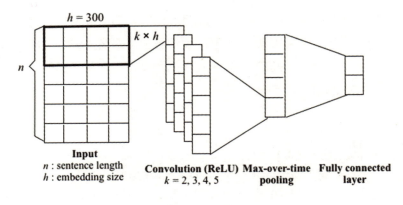

图 8.2　意图网络

8.2.2　信念跟踪

信念跟踪有时也被称为"槽抽取"（Slot extraction），是用来跟踪到当前回话为止的 slot 状态。我们尝试了两种技术方案。一个是用指针网络[130]（PtrNet，Nointer Network），输出有 $2N$ 个 slot，每个 slot 具有开始指针和结束指针，都指向输入数据的某个位置。这样，PtrNet 可以直接产出 slot 信息。另外一个是序列标注（Sequence Labeling），模型用的是 BiLSTM-CRF[72]，需要标记出每个词是否属于某个标签。这里每个 slot S_i 有两种标签：S-S_i 和 O-S_i，分别代表 S_i 的开始和中间位置。除 slot 的标签之外，还有一个标签 O 代表空。实验对比下来，方案一模型比较简单，直接产出多个 slot 的结果，但是效果不如方案二。

8.2.3　策略网络

强化学习模型部分的 episode、reward、state 和 action 的定义如下。

Episode：在订机票场景中，当一个用户和系统进行会话时，如果系统第一次判断当前用户的意图为"购买机票"，这个就作为一个 episode 的开始，如果用户购买了机票或者退出会话，则认为 episode 结束。

Reward：在反馈场景中，获取用户反馈非常关键。我们有两种方式：第一，收集线上用户的反馈，比方说用户的下单、退出等行为；第二，在初始化的时候，如果是没有训练过的模型直接上线学习的话，用户体验比较差。为了避免这个问题，我们使用预训练环境，让系统用预训练环境训练出一个效果相对可以的模型再上线。预训练环境主要需要获取两部分的反馈，一个是动作网络，另一个是信念跟踪。图 8.3 所示为预训练环境的示例。其中动作网络部分用的是策略梯度方法更新模型，正反馈的奖赏为 1.0，负反馈的奖赏为–1.0，信念跟踪部分仅使用正反馈作为正例，出现错误需要人工标出正确的 slot。

图 8.3　阿里小蜜任务型对话的预训练环境

State：我们主要考虑了意图网络出来的 user question embeddings，当前抽取的 slot 状态和历史的 slot 信息，之后接入一个全连接的神经网络，最后连接 softmax 到各个动作。

Action：在订机票场景中，动作空间是离散的，主要包括对各个 slot 的反问和 Order（下单）：反问时间，反问出发地，反问目的地和 Order。这里的 action 空间可以扩展，加入一些新的信息比方询问说多少个人同行、用户偏好等。

我们最终的模型如图 8.4 所示，每个用户的问题都输入到意图网络里并得到问题的表示，然后从信念跟踪获取 slot 信息，与历史的 slot 信息结合起来输入到策略网络中。

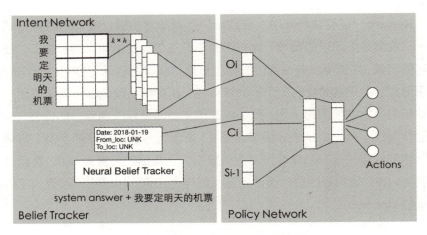

图 8.4 TaskBot 里的强化学习方案

假设当前用户问题为 q_i，上轮系统问题为 a_{i-1}，历史 slot 信息为 S_i，完整的网络定义如下。

$$\begin{aligned}
O_i &= \text{IntentNet}(q_i), \\
C_i &= \text{BeliefTracker}(q_i, a_{i-1}), \\
X_i &= O_i \oplus C_i \oplus S_{i-1}, \\
H_i &= \text{FullyConnectedLayer}(X_i), \\
P(\cdot) &= \text{Softmax}(H_i)
\end{aligned} \quad (8.1)$$

我们使用的是策略梯度方法中经典的 REINFORCE 算法，为了使得训练更稳定，这里可以添加 baseline 和 advantage function。实验中也尝试了 Deep Q Network 和 Actor-Critic，但是发现效果相对 REINFORCE 提升不大。

8.3 业务应用

首先我们对比了两种信念跟踪的方案，效果如表 8.1 所示。在几个指标里，BiLSTM+CRF 的效果都会比 PtrNet 好，主要原因是前者对于序列的建模效果更好，BiLSTM 可以挖掘出当前词的上下文信息，最后 CRF 层能有效地对标记序列进行建模。PtrNet 是端到端的"序列到序列"模型，但是相比之下对于序列的建模效果会差一点，前面学到的信息随着序列的增长会减弱。

表 8.1 信念跟踪效果对比

	Acc	F1	Precision	Recall
PtrNet	0.968	0.850	0.844	0.856
BiLSTM CRF	0.995	0.961	0.965	0.965

下面我们对比不同的配置下的效果,如表 8.2 所示。在测试的时候发现,如果用户退出会话(Quit)给一个比较大的惩罚–1,模型很难学好。主要原因是用户退出的原因比较多样化,有些不是因为系统回复的不好而退出的,如果这时给比较大的惩罚,会对正确的动作有影响。

表 8.2 不同的配置下的效果对比

Is Trainable	Reward			Discount Factor
	Click	Quit	Continue	
Yes	1	0	0	0.1～0.9
Yes	1	−0.1	0	0.1～0.9
No	1	−1	0	0.1～0.9
Slow	1	0	0.1	0.1～0.9
Slow	1	−0.1	0.1	0.1～0.9
Slow	1	−1	0.1	0.1～0.9

8.4 总结与展望

目前模型已经上线,大家可以在阿里小蜜里试用。在这个项目里,我们探索了基于深度强化学习(DRL)的任务型问答的方案,在订机票这个任务上运行了这个方案。据我们所知,这是第一个在工业界落地的基于 DRL 的任务型问答技术,后续我们准备把这个方案扩展到其他的任务上(充值和订电影票等)。在理想的情况下,我们通过预训练平台就可以把动作网络和槽抽取两部分都学好。

第 9 章

DRL 导购——阿里小蜜的多轮标签推荐技术

9.1 研究背景

阿里小蜜作为一个人工智能助理，除了可以解决用户的业务咨询类问题，缓解人工压力，还兼备了其他助理业务，包括查天气、买机票、充话费等；同时，还可以通过多轮会话完成一个导购助理的工作。借助小蜜多轮会话能力，如何一步一步地搜集用户购买意图，促成商品成交，是本章要解决的问题。本章旨在通过主动推荐引导的方式推荐商品标签、搜集用户意图，最终为用户推荐满足他们需求的商品。

小蜜导购助理的目标可细分为以下几点。

- 借助多轮对话场景逐步理解用户购买意图。
- 形成通用的挖掘和上下位链路预测方案。
- 结合用户信息 CTR 预估，实现实时、个性化推荐，最终促成商品成交。
- 使用强化学习的方式完成在线增强式标签推荐。

最终的产品形态是在标签基础上，结合图片和选项卡的方式，应用到多轮对话中，如图 9.1 所示（红框圈定范围内）。这次交互总共分四轮，用户和系统的行为如表 9.1 所示。

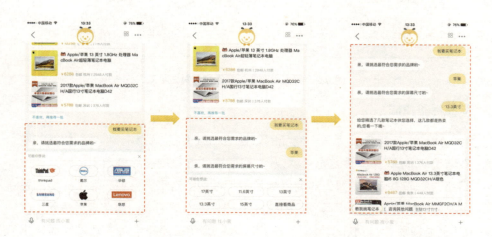

图 9.1　阿里小蜜多轮标签推荐样例

表 9.1　阿里小蜜多轮标签推荐中用户和系统的交互

用户	系统
Ask：我要买笔记本电脑	展示品牌：ThinkPad，Dell，Apple…
Click：Apple	展示屏幕属性：17 英寸，11.6 英寸…
Click：13.3 英寸	展示商品：Apple，13.3 英寸电脑
Click item, buy it (or quit)	End

这里有几个难点，首先如何从海量商品数据里挖掘出有效的商品属性值和属性名这样的标签对，其次是基于多轮对话信息，如何给出实时和人性化的标签推荐，并且促成商品的点击和成交。前者是商品标签挖掘的任务，我们尝试了传统的数据挖掘方法；后者是多轮标签推荐的任务，我们用深度强化学习模型促成 CTR 和成交量的提升。

9.2　算法框架

算法框架如图 9.2 所示，包含商品标签挖掘、推荐链路预测和多轮标签推荐。

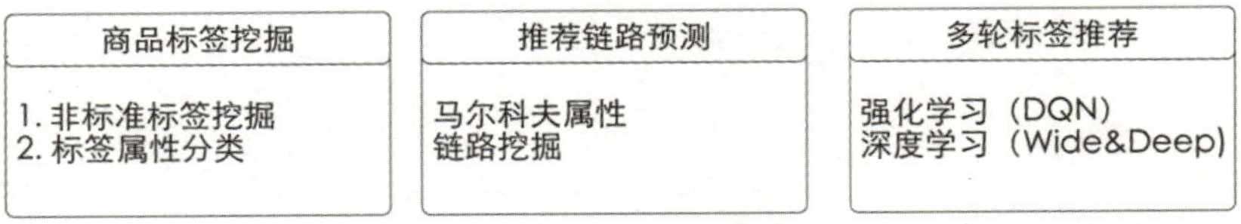

商品标签挖掘	推荐链路预测	多轮标签推荐
1.非标准标签挖掘 2.标签属性分类	马尔科夫属性 链路挖掘	强化学习（DQN） 深度学习（Wide&Deep）

图 9.2　阿里小蜜多轮标签推荐算法框架

商品标签挖掘

我们把标签定义为一个商品的属性值和属性名，比如"苹果"标签的属性值是"品牌"，属性名是"苹果"。我们需要推荐的商品来自于淘宝，这里商品的量非常大，需要先对商品标签进行抽取。对于属性名，除了标准的名字例如"触屏""控油"等，我们挖掘了一些更加常用的口语化属性表示（比如："触摸屏""皮肤比较油""千元以内"），用在多轮推荐中。训练语料来自淘宝主搜关键词，用互信息、出现频率、左邻接熵、右邻接熵衡量一个词成词的概率。假设一个词是a, b，具体定义如下：

$$MI_{a,b} = \log \frac{p(a,b)}{p(a)p(b)},$$

$$H_{\text{left}} = -\sum_w p(w,a,b|a,b)\log p(w,a,b|a,b),$$

$$H_{\text{right}} = -\sum_w p(a,b,w|a,b)\log p(a,b,w|a,b)$$

其中，互信息MI越大，表示词的内聚程度越大，成为候选属性的概率越大；左右邻接熵H_{left}和H_{right}则反映了一个文本片段的左邻字集合和右邻字集合的随机程度。邻熵越大，表明该词的左右边界越随机，成词的概率越大。

通过在大规模语料中计算限定长度的字组合的三个特征值，做归一化求和计算得分，选取得分较高的词作为我们的候选词。最后根据挖掘结果对原有关键词进行分词。该方法对性能要求较高，尤其是内存，因此可以通过 batch 的方式分批进行。在阿里小蜜的计算环境中，我们将 batch 的大小限定在 100 万，可最大限度的保证不会出现内存溢出（OOM，Out Of Memory）。最后整理所有 batch 各个维度的指标，做加和处理。

挖掘出标签之后，需要对同一属性的标签进行归类，目的是保证在每次推荐标签时，在同一个属性类别下，给用户多重选择。标准属性的归类沿用主搜已有的属性命名方法，非标准属性的归类任务转化为给每个非标属性打上属性名（例如："皮肤比较油"对应的属性名是"肤质"）。我们使用主搜中的搜索点击数据，即每个关键词后用户点击的商品详情。具体操作流程如下。

- 对关键词分词，去掉停用词和品类词，剩下的作为候选属性；
- 使用候选属性匹配商品详情页中的属性 key-value pair，将匹配到的属性值对应的属性名与候选属性做关联（映射过程采用模糊匹配：融合了编辑距离和词共现。例如，"皮肤比较油"会映射到商品详情页中会出现"肤质：油性皮肤"上，进而可以认为"皮肤比较油"的属性类别是"肤质"）。

推荐链路预测

拿到候选的标签之后,需要在用户的会话链路中,即用户的每轮会话中,展示推荐的标签。这里根据主搜用户关键词中每个属性自然顺序,计算属性之间的马尔可夫链路,具体计算方式如下。

开始: $\hat{p} = \mathop{\mathrm{argmax}}\limits_{p_i} p(p_i|context)$,

第一轮: $p(a_1|\hat{p})$, $e.g. p(苹果|笔记本)$

第二轮: $p(a_2|a_1,\hat{p})$, $e.g. p(17英寸|笔记本电脑,苹果)$

这里涉及的概率计算都是由对全网类目用户的关键词(采用模糊匹配)和标签的点击数据统计而来的。每轮取最多前 50 个高频标签作为候选。

多轮标签推荐

在系统设计上,我们采用粗排加精排的方式,上面模块相当于是粗排,后续连接一个多轮标签推荐模块对标签做精排。解决上面问题的传统思路是做 CTR 预估,根据标签的点击率来建模。然而这个方案有两个问题,第一,CTR 和 GMV 通常是分开优化,两者是非常相关的任务,考虑多目标优化会对两个任务都有帮助;第二,无法用到多轮交互的信息,不同的标签推荐序列会对用户是否成交有影响。基于这两点考量,我们用 DRL 对多轮对话进行建模,旨在通过多轮交互的同时提升 CTR 和 GMV。

我们的问题可以看作是一个多轮链路决策的问题,Agent 是我们的系统,Agent 决定每一轮出什么标签(action),之后环境(用户)会给系统一个反馈,这里的反馈可以是正向的(比如商品点击或者商品成交),也可以是负向的(退出或者用户表达不满等)。这个问题就成了如何在多轮交互中获取最大的奖赏,这就是典型的 RL 问题。因此,使用 RL 来做多轮导购,可以拟合出不同用户的推荐链路来最大化用户的点击和成交,即 CTR 和 GMV。

9.3 深度强化学习模型

深度强化学习是深度学习和强化学习两者的结合,其中深度学习负责拟合给定的输入和输出的关系,强化学习负责把控学习方向。典型的方法有基于价值的深度强化学习、基于策略的深度强化学习、基于模型的深度强化学习。这三种不同类型的深度强化学习用深度神经网络替代了强化学习的不同部件。基于价值的深度强化学习本质上是一个 Q Learning 算法,目标是估计最优策略的 Q 值。DQN 是一个典型的基于价值的深度强化学习算法,它是由 DeepMind 于 2013 年在 NIPS 上提出的。DQN 算法的主要做法是经验池,其将系统探索环境得到的数据储存起来,然后打破数据之间的关联性,通过随机采样样本更新深度神经网络的参数。实验下来我们发现,DQN 在这个问题上比其他基于策略梯度的深度强化学习效果好,所以采用了 DQN 作为我们的强化学习算法。

DQN 的核心思想是通过一个值网络 $Q(\cdot)$ 拟合当前状态 s 和动作 a 所能达到的累积奖赏,优化的时候需要考虑所有未来奖赏。它的损失函数定义如下:

$$L(w) = \mathbb{E}[(r + \gamma \max_{a'} Q(s', a', w) - Q(s, a, w))^2] \quad (9.1)$$

其中,s' 和 a' 为下一步的状态和动作,γ 为折扣系数,r 为当前的奖赏。如果当前状态为一个 episode 结束的状态的话,$Q(s', a', w)$ 设为 0。下面我们详细讲述模型的 episode、state、action 和 reward 的定义。

9.3.1 强化学习模块

Episode:在多轮标签推荐场景里,如果系统第一次判断当前用户有购买商品的意图,这个就作为一个 episode 的开始,如果用户购买了商品或者退出会话,则认为 episode 结束。

State:状态主要考虑了四部分信息,用户的 profile、用户的问题、商品信息和会话信息。这里除了用户的 profile 是静态特征之外，后面三类特征都会随着对话的进行改变。

Action：由于我们的动作空间非常大（所有的商品的属性名和属性值的组合），我们对动作进行了参数化，每个动作用它的属性名和属性值表示 $< p_i, v_i >$，两部分都是离散的 Id。所以，动作 i 的向量表示为：$e_i \oplus e_i'$，这里 e_i 和 e_i' 为神经网络学到的两部分各自的向量表示。

Reward：我们主要优化的是 CTR 和 GMV 两个目标，其中 GMV 比较重要。所以我们定义奖赏的时候，购买的奖赏设为 1.0，点击的奖赏相对小一些，为 0.1。由于我们每轮是展示多个标签，只有点击或者购买的标签有正的奖赏，其他部分奖赏都设为 0.0。图 9.3 是多轮交互中的奖赏定义的示例。

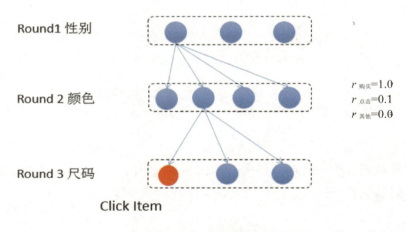

图 9.3　多轮标签推荐的奖赏定义

9.3.2　模型融合

模型上的设计我们主要参考了 Wide&Deep 模型[22]，这个模型融合了记忆和归纳的两个过程，模型中的宽线性模型用于记忆；深度神经网络模型用于归纳。该模型不仅可以容纳一些统计类特征，也可以将 Id 类（或者文本类）特征通过 DNN 做有效的归纳抽象，泛化性更强。

回归模型结构如图 9.4 所示。模型主要是根据给定状态 s、动作 a，拟合出一个值 $Q(s,a,w)$，这里的 w 是模型参数。建模的时候，Wide 部分和 Deep 部分分别处理不同的特征：其中 Wide 部分存储一些常用的统计特征和组合特征，Deep 部分存储状态信息，Deep 部分学习的表示和 Action 的表示会拼接到一起，经过一个网络后再和 wide 部分一起输出。

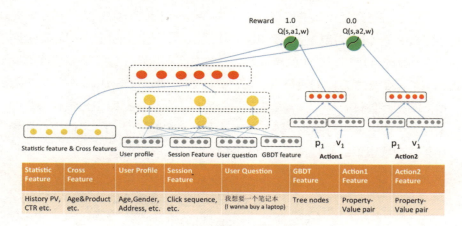

图 9.4　多轮标签推荐的模型

9.4　业务应用

在离线数据上，我们对比了 DRL 和非 DRL 模型在 AUC、Recall 指标上的变化。如表 9.2 所示，这里主要测试的是用户点击的指标，在对比的四个衡量标准中，DRL 模型都有了提升。这说明 DRL 能够学习到多轮对话的序列信息，从而在这个任务上取得了效果的提升。

表 9.2　离线评测 DRL 和非 DRL 模型

	AUC	Recall1	Recall2	Recall5
非 DRL	0.94	0.86	0.95	0.98
DRL	0.96	0.87	0.97	0.99

在线上对比，DRL 模型相比非 DRL 模型在商品点击成交量提升了 6%，相比纯统计方法提升 15%。双 11 期间，DRL 模型产生数百万对话轮次，GMV 超过千万次，商品点击成交转化率相比去年提高 54%。

9.5 总结与展望

我们尝试在阿里小蜜的场景中为用户提供一种新的导购助理。借助多轮对话场景，逐步理解用户的购买意图，实现实时、个性化推荐，最终促成商品成交。经过 2017 年双 11 的考验，我们的方案不仅承受住了流量洪峰的考验，也验证了技术方向的可行性。然而，导购助理还只是 DRL 在阿里小蜜场景下的初步尝试，不仅有着很大的提升空间，而且在业务上也具有很强的扩展性。在接下来的时间里，除了继续增强导购助理的能力，我们也将探索在业务咨询场景下的问题补全等更多的实际问题。

第10章
Robust DQN 在淘宝锦囊推荐系统中的应用

10.1 研究背景

在淘宝的搜索引擎中,用户通过输入一个关键词(也称为一次查询)从数十亿种淘宝商品中查找其想要的商品。然而,这些关键词通常是不够明确的,以至于用户在搜索引擎返回了商品列表之后,往往需要反复浏览对比,最终才能找到满意的商品。例如,当一个用户输入关键词"T恤"时,可能真正感兴趣的是长袖黑色T恤,而对其他的T恤并没有购买欲望。针对这种需求,淘宝提供了一种导购产品"锦囊",其形式为在搜索的结果页面中展示一个文本框,其中包含若干在当前查询下的细分选项,例如"长袖"这样的词。当这些选项被点击时,一个由原始关键词加上被点击的细分选项决定的搜索结果页面将被展示给用户,进一步缩小用户的需求范围,这个过程如图10.1所示。

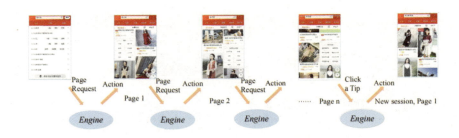

图 10.1　淘宝中的锦囊推荐

淘宝提供了大约 2 万种锦囊的类型,每一种类型对应一个特定的细分维度。例如,一个常见的锦囊类型是"年龄",对应的细分选项是例如"18~24"、"30~35"的年龄段选项。其他的类型,例如"袖口长度""领口类型""风格"等是和"年龄"类似,只不过其中的细分选项对应的文本内容不同。因此,设计一种展示策略,以决定在当前的搜索关键词下,给用户展示何种类型的锦囊就变得尤为重要。最优的锦囊展示路径可以迅速地帮助用户确定自己的需求,从而顺利完成一次购买行为。不难发现,这实际上是一个典型的推荐问题,推荐的对象就是这 2 万多种类型。基于内容的协同过滤[28]是一种被广泛使用在推荐系统中的技术，但都是优化的一步的收益最大，而在我们这个场景中，展示一个锦囊只是购买路径中的一步，若干锦囊组成的序列才最终导致了一次购买。因此，近年来开始考虑将强化学习融合在推荐系统中[78]。然而，直接将现有的强化学习方法应用在锦囊推荐中并不可行，其根本原因在于整个系统具有高度的动态性，其会给强化学习系统带来以下困难：

（1）用户的分布随时在变化，导致奖赏估计的方差较大。

（2）强化学习的核心在于探索试错，但当系统一直处于动态变化时，模型无法区分某次奖赏的提升是由于执行了某个探索的动作导致的，还是由于系统动态变化导致的。

针对这两个问题，我们分别提出了两种对应策略：

（1）为了解决用户分布变化带来的奖赏估计的方差大的问题，我们提出了**基于分层抽样的经验池**，以替代传统深度强化学习中广泛使用的经验池。通过引入用户的先验分布，基于分层抽样的经验池每次返回符合先验概率的批数据，从而大幅降低奖赏估计的方差。

（2）为了解决由于环境变化带来的奖赏偏置问题，我们引入了一个作为参考的基准奖赏模型，该基准模型通过在一批独立的用户上进行学习建模，以刻画环境的动态性。

将以上的策略融合到一个经典的深度强化学习算法 DDQN（Double DQN）中，得到了 Robust DQN 算法。将 Robust DQN 算法应用在了淘宝锦囊的推荐中。我们首先验证了在锦囊的推荐任务中，系统环境确实一直在变化。其次，我们进行了 Robust DQN 和 DDQN 的线上 A/B 测试。测试的结果表明，提出的两种策略都显著地提高了奖赏估计的有效性。因此，Robust DQN 提高了 DDQN 在在线系统这样的动态环境中的鲁棒性。

10.2 Robust DQN 算法

10.2.1 分层采样方法

分层采样是一种概率采样方法，其将所有的样本分成不同的组，这里的组也被称之为"分层"（Strata），最终的采样结果通过在不同的分层中进行随机采样合并得到[37, 57]。假设对于第l个分层，共有N_l个样本（当然，所有分层样本之和即为总样本数，即$\sum_{l=1}^{L} N_l = N$），其每个样本的值分别为$X_{1l}, X_{2l}, \ldots, X_{N_l l}$。令$W_l = \frac{N_l}{N}$以及$\mu_l = \frac{1}{N_l}\sum_{i=1}^{N_l} X_{il}$。为了从全体样本集合中采样$n$个样本，可以使用分层采样，在每个分层$l$中采样$n_l$个样本，显然有$\sum_{l=1}^{L} n_l = n$。则对于每个分层$l$，其采样的均值和方差分别为

$$\overline{X}_l = \frac{1}{n_l}\sum_{i=1}^{n_l} X_{il}, \quad S_l^2 = \frac{1}{n_l - 1}\sum_{i=1}^{n_l}(X_{il} - \overline{X}_l)^2$$

因此，整体采样预估的均值μ为

$$\overline{X}_S = \sum_{l=1}^{L} \frac{N_l}{N}\overline{X}_l = \sum_{l=1}^{L} W_l \overline{X}_l$$

不难得到

$$\mathbb{E}[\overline{X}_S] = \sum_{l=1}^{L} W_l \mathbb{E}[\overline{X}_l] = \sum_{l=1}^{L} W_l \mu_l = \frac{1}{N}\sum_{l=1}^{L}\sum_{i=1}^{N_l} X_{il} = \mu$$

这意味着$\overline{X}_S$是μ的无偏估计，其对应的方差可以计算为

$$\mathrm{Var}(\overline{X}_S) = \sum_{l=1}^{L} W_l^2 \mathrm{Var}(\overline{X}_l) = \sum_{l=1}^{L} W_l^2 \frac{1}{n_l}(1 - \frac{n_l - 1}{N_l - 1})\sigma_l^2 \quad （10.1）$$

式中，$\sigma_l^2 = \frac{1}{n_l}\sum_{i=1}^{n_l}(x_{il} - \mu_l)^2$是在分层$l$采样的方差。

从公式（10.1）可以看出，如何设计每个分层的采样数，会直接影响最终估计值的方差。总的来说，有下面两种方法：

（1）比例分配法：$\frac{n_1}{N_1} = \frac{n_2}{N_2} = \ldots = \frac{n_L}{N_L}$，即 $n_l = n\frac{N_l}{N} = nW_l$。对应的方差为 $\mathrm{Var}(\overline{X}_{SP}) = \frac{1}{n}\sum_{l=1}^{L} W_l \sigma_l^2$，因此方差减少的量可以表示为

$$\mathrm{Var}(\overline{X}) - \mathrm{Var}(\overline{X}_{SP}) = \frac{1}{n}\left(\sum_{l=1}^{L} W_l \sigma_l^2 + \sum_{l=1}^{L} W_l(\mu_l - \mu)^2\right) - \frac{1}{n}\sum_{l=1}^{L} W_l \sigma_l^2$$

$$= \frac{1}{n}\sum_{l=1}^{L} W_l(\mu_l - \mu)^2 \geqslant 0$$

可以看出，通过使用比例分配法的分层采样，可以减少估计方差。

（2）最优分配法：在采样总数 n 的约束下，可以选择 $n_1, n_2, \ldots, n_l$ 最小化 $\mathrm{Var}(\overline{X}_S)$，其解析解为 $n_l = n\frac{W_l \sigma_l}{\sum_{k=1}^{L} W_k \sigma_k}$，对应的采样方差为 $\mathrm{Var}(\overline{X}_{SO}) = \frac{1}{n}(\sum_{l=1}^{L} W_l \sigma_l^2)^2$，其相对于 $\overline{X}_{SP}$ 方差减少的量为

$$\mathrm{Var}(\overline{X}_{SP}) - \mathrm{Var}(\overline{X}_{SO}) = \frac{1}{n}\sum_{l=1}^{L} W_l \sigma_l^2 - \frac{1}{n}\left(\sum_{l=1}^{L} W_l \sigma_l^2\right)^2$$

$$= \frac{1}{n}\sum_{l=1}^{L} W_l (\sigma_l - \overline{\sigma})^2 \geqslant 0$$

可以发现，相比于比例分配法，最优分配法可以进一步减少方差。不过值得指出的是，最优分配法需要知道每个分层采样的方差，而比例分配法只需要知道每个分层在全部样本上的数量占比。

10.2.2 基于分层采样的经验池

在原始的 DQN 算法中，样本是存储在经验池当中，学习算法每次从经验池中随机地采样一批数据进行学习，而不是仅仅使用当前交互得到的样本[90]。实验表明，经验池的引入可以显著地提升强化学习的性能，其潜在的原因可能在于通过样本的存储采样复用，其可以降低一批样本中的关联性，从而提升训练的稳定性。经验池已经被广泛用于各类深度强化学习算法中[128, 139]。

然而在一个动态变化的环境中，维护一个长时间跨度的大容量经验池是并不合适的[98]，但一个时间跨度短的小容量经验池会因为样本数的不充分而

离真实分布较远。例如，在一次促销活动后，一些对优惠更为敏感的用户群体表现得就会和平时不一样。此外，不同的用户群体通常在不同的时间段活跃，例如白领通常在午休和晚上进行购物。这些实际存在的因素会使得Q函数不稳定且方差较大。

为了缓解采样方差问题，我们提出了基于分层采样的经验池，来替代经典的随机经验池。首先，在一个长时间范围内统计用户的各种属性，从中找出随时间变化较为稳定的属性，例如性别、年龄和区域等，并分别统计这些属性占整体的比例，并将这些作为一个"分层"。在学习阶段，算法通过使用分层采样的方式，从经验池中抽取样本进行训练。通过这种方式，可以有效地减少由于环境变化带来的系统不稳定性和奖赏估计的方差；同时，基于分层采样的经验池允许即使在动态变化的环境中拥有较大的容量，可以进一步提高学习的鲁棒性甚至性能。

10.2.3 近似遗憾奖赏

通过上述的分层采样方式，可以降低用户分布变化带来的对奖赏估计的影响，却无法消除用户行为分布随时间变化的影响。例如，对大部分电商平台而言，点击率和转化率在 24 小时内都有显著的高峰期和低峰期。此外，由于营销活动的启动和结束，也会对线上的整体行为产生影响。这些和算法无关的因素会对奖赏估计产生重要的影响，使其失去辨别"好动作"和"坏动作"的能力，甚至是无法收敛。

针对这种情况，我们提出了一种策略：近似遗憾奖赏。在多臂老虎机问题中，T轮之后的遗憾（regret）被定义为实际累积奖赏和最优策略得到的累积奖赏的差的期望：$\rho = T\mu^* - \sum_{t=1}^{T} r_t$，其中$\mu^*$是最大奖赏期望，$r_t$是第$t$步的瞬时奖赏[5]。

这里的遗憾衡量的是实际累积的奖赏值和最优策略奖赏的差距，因此即使在动态环境下，也可以很好地评估强化学习的性能。然而，最优的策略在实际应用中是不可能提前得到的，因此真正的遗憾值是无法计算的。尽管无法得到最优策略的奖赏,但是通过对系统随时间变化的特性进行建模,仍有可能得到类似的效果。具体来说,首先在动态环境中随机采样了一个用户的子集,然后使用一个离线充分训练的决策模型(例如通过监督学习),在这个用户子集上进行生效,并统计实时的平均奖赏r_b,其可以被看作表示环境实时属性的基准奖赏。于此同时,我们将强化学习算法应用在这批子集之外的其他用户的流量上,在得到每次动作的瞬时奖赏r_t之后,参照遗憾奖赏的计算,使用瞬时奖赏r_t与基准奖赏的差作为学习系统中接收的奖赏。因此,可以在一定程度上消除在学习系统中由于动态实时环境带来的瞬时奖赏的分布变化的影响。

10.2.4 Robust DQN 算法

我们结合分层采样以及近似遗憾奖赏的技术,将其应用在经典的 DQN 算法中,得到了 Robust DQN 算法 6。在第 3 行到第 5 行,智能体通过和环境ε交互积累原始的轨迹数据。然后使用近似遗憾奖赏技术对奖赏进行修正,如第 6 行所示。接着在第 7 行,新的轨迹数据$(s_t, a_t, \tilde{r}_t, s_{t+1})$被存储在经验池 D 中。在第 11 行中,算法通过从经验池中进行分层采样从而对神经网路由进行批更新,而不是经典 DQN 中的随机采样。算法的其他部分同 DQN,不再赘述。

算法 6:Robust DQN 算法

Require:

N_r:经验池大小

N_b:训练批规模

N':目标网络替换频率

r_b:实时基准奖赏

1　初始化网络参数 θ,θ'

2　$D \leftarrow \varphi$

3　**for** 每个 episode $e \in \{1,2,3,...\}$ **do**

4　　**for** $t \in 0,1,...$ **do**

5　　　从环境 ξ 中得到状态 s_t、动作 a_t、瞬时奖赏 r_t 和下一个状态 s_{t+1}

6　　　生成近似遗憾奖赏:$\tilde{r}_t = r_t - r_b$

7	$D \leftarrow D \cup \{(s_t, a_t, \tilde{r}_t, s_{t+1})\}$
8	if $|D| \geqslant N_r$ then
9	替换过早的数据
10	end if
11	采样 N_b 条批数据 $(s, a, r, s') \sim SRS(D)$
12	令 $a^*(s'; \theta) = \mathrm{argmax}_a Q(s', a'; \theta)$。对 $1 \leqslant i \leqslant N_b$ 计算其目标值 $\hat{y}_i$ 为
	$$\hat{y}_i = \begin{cases} r & s' \text{为终止状态} \\ r + \gamma Q(s', a^*(s'; \theta); \theta') & \text{其他情况} \end{cases}$$
13	通过执行一步梯度下降以最小化 $\sum_{i=1}^{N_b} ||\hat{y}_i - Q(s, a; \theta)||^2$
14	每隔 N' 步替换目标网络的参数 $\theta' \leftarrow \theta$
15	end for
16	end for

10.3 Robust DQN 算法在淘宝锦囊上的应用

10.3.1 系统架构

如图 10.2 所示，将系统设计成两大模块：学习模块和推荐模块。在学习模块中，通过采集线上的实时日志和长期的用户商品特征，进行经验池的积累，并在此基础之上进行强化学习的训练，并实时地将实时状态特征和神经网络的权重导出到存储系统，供线上推荐模块使用；而在推荐模块中，通过实时地从存储系统中获取状态表示和网络权重，对线上的流量需求进行计算，返回锦囊的推荐结果。

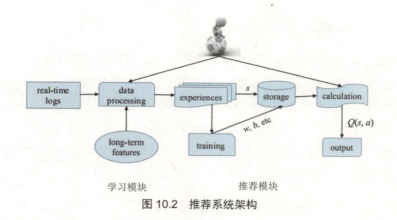

图 10.2　推荐系统架构

10.3.2　问题建模

1. 状态　状态应能够代表用户的长期和当前的特征，以及对商品和锦囊的一些偏好。因此，首先添加用户的一些特征，如性别、年龄、购买力、偏好等。然后，还添加了关键词的相关特征，如当前关键词的类型、不同类型的用户整体和当前用户的偏好情况。此外，状态中还包含了用户当前的行为、页面编号、查看和点击的商品的特征等信息。

2. 动作　学习系统的目标在于学习到一种展示策略，以决定在当前页面进行何种类型的锦囊进行展示，所以最直接的建模方式是将锦囊的类型合集定义为动作空间，每一个锦囊类型对应一个动作。在淘宝系统中有超过 2 万种类型的锦囊，动作空间非常大，直接采用原始 DQN 网络（每个动作对应神经网络的一个输出）是不现实的。对应的策略是使用更原始的建模方式，将动作进行一层 Embedding 之后，作为 Q 网络的输入，参与值函数的计算。

3. 奖赏　若用户在锦囊上发生了点击行为，可视为对推荐结果的一种肯定，这意味着可以对其对应的推荐动作给予一个正向的瞬时奖赏。同时，考虑到锦囊的产品特性，即通过提供多轮导购选项以尽快帮助用户找到所需的商品，因此在一次会话中，设计对较早阶段的锦囊推荐上的用户点击给予更多的奖赏，鼓励推荐策略提高推荐的效率。因此将一次会话中锦囊推荐的页数设计在奖赏函数中，即 $r_1 = I * (1 + \rho * e^{-x})$，其中 I 是一个指示函数，当点击发生时为 1，否则为 0；x 是当前页数；ρ 是一个系数。

此外，由于淘宝平台中用户分布的广泛性，不同人群对锦囊推荐的反馈的"先验"是不一样的：有些用户喜欢点，有的用户则不然。因此，需要降低高频点击用户的影响，因为他们会降低学习模型对推荐结果好坏的判别力。对应的设计是在奖赏函数中，根据用户在锦囊上的点击行为，对奖赏进行修正，即 $r_2 = I * e^{-y}$，其中 y 是用户在最近 100 次的页面浏览中点击锦囊的次数。可以看出，当 y 很大时，对应的奖赏会降低。

最后，由于导购产品最终还是要促成购买，所以当用户通过一系列锦囊点击最终引导了一次有效成交之后，会给予一个常数奖赏，即 $r_3 = Ic$。因此，综合上面三个因素，最终的奖赏函数可以表示为

$$r = r_1 + \alpha r_2 + \beta r_3 \tag{10.2}$$

式中，α 和 β 是折中系数，用于平衡不同的目标。

策略 在经典的 DQN 网络中，输入是状态 s，输出是每个动作 a 对应的 Q 值 $Q(s, a)$，这样的网络适合动作空间较小的场景，可以通过一次前向网络计算出所有动作的 Q 值，但并不适用于淘宝。因此，将 Q 网络还原成原始的建模方式，即同时接受 s 和 a 的输入，输出一个 Q 值。其中，需要解决对离散动作编码的问题，一般而言有两种方法，one-hot 编码和 Embedding 编码，两者的建模本质相同，但后者在计算效率上更高。因此，我们采用了后者。图 10.3 展示了系统所采用的网络结构。

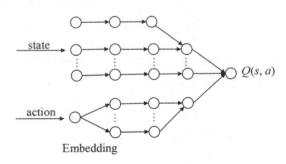

图 10.3　锦囊推荐模型的网络结构

此外，在进行实验之前，还需要准备的工作有：

- 关于分层采样的属性，最终选择了性别、购买力、性别和购买力的组合三个维度。同时，分层采样中的比例分配（PA，Proportional Allocation）算法和最优分配（OA，Optimal Allocation）算法需要用到每个分层的统计量。因此，通过对一周的淘宝用户数据进行统计分析，将每个分层的比例、分层内的方差计算好，供后续的分层采样经验池（SSR，Stratified Sampling Replay）使用。
- 关于基准奖赏函数，随机选择了一部分用户，对其使用一个离线训练好的模型进行锦囊类型的推荐，并实时搜集这部分用户的反馈，用以计算实时的基准奖赏，供后续的近似遗憾奖赏（ARR，Approximate Regretted Reward）使用。

10.4 实验与分析

将 Robust DQN 算法应用在淘宝锦囊推荐的任务上，并在此之上尝试验证以下几个问题：

（1）动态环境是否会使得学习性能变差？

（2）强化学习是否真的合适锦囊推荐的问题？和离线训练的监督模型相比如何？和在线训练的监督模型相比又如何？

（3）用分层采样经验池解决用户分布动态变化的问题是否有效？

（4）用近似遗憾奖赏解决用户行为分布动态变化的问题是否有效？

（5）使用以上两种策略之后，是否可以提升原始 DDQN 在锦囊推荐任务中的性能？

10.4.1 实验设置

通过分桶测试（A/B 测试）验证算法的结果。首先使用了图 10.3 所示的网络训练一个离线的监督模型，其标签设置为用户是否对锦囊推荐结果进行了点击，在这个模型中是无法使用实时特征的。我们将这个方法称为 off-DL。同时，实现了 off-DL 的一个实时版本，其特征和模型权重都会在线上实时地更新，称之为 on-DL。另外，将标准的 DDQN 也应用在同样的场景中。值得注意的是，为了公平比较，这里的监督模型和 DQN 使用了完全相同的网络结构，只不过后面训练用到的损失函数不同。

此外，为了验证分层采样经验池的有效性，将 DDQN 分别结合比例分配和最优分配方法，得到对应的算法 SSR-PA 和 SSR-OA。同时也测试了近似遗憾奖赏的策略。式（10.2）中的系数设置为：$\alpha=1$，$\beta=0.5$，$\rho=0.5$。对所有的实验，奖赏的折扣系数$\gamma=0.99$。

为了评估算法的有效性，对以下的指标进行约定：

（1）点击率（CTR）：锦囊的点击次数/锦囊的展示次数。

（2）用户点击率（UV CTR）：点击锦囊的用户数/浏览锦囊的用户数。

出于公司的数据保护政策，所有展示出来的结果数据进行了一定程度的转换，但对其相对的性质进行了保留。

10.4.2 实验结果

针对第一个问题，我们统计了在一天内不同时间段的不同性别和购买力用户的数量，其中性别有 2 种（男、女），购买力有 3 档(0、1、2)。从图 10.4 可以看出，男女用户的比例在一天之内一直在变。图 10.5 展示了一个离线训练的模型在线上进行生效 4 天内，不同类型用户的点击率变化。从图中可以看出，不同类型的用户的确有着不一样的行为模式，而且可以观察到与上一个图类似的现象，即不同类型的用户的占比一直随时间在变化。类似的，

图 10.6 展示了一个离线训练的模型在线上进行生效 1 天内的点击率的变化，其进一步验证了动态环境对奖赏估计带来的有偏估计和高方差。

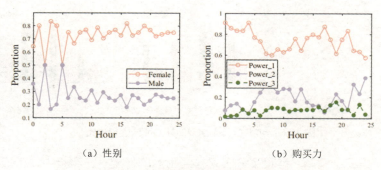

（a）性别　　　　　　　　　　（b）购买力

图 10.4　在一天内不同类型用户的占比

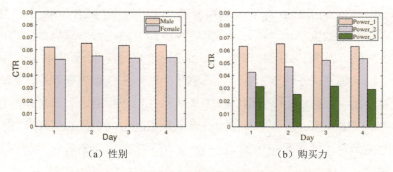

（a）性别　　　　　　　　　　（b）购买力

图 10.5　在连续 4 天内不同类型的用户的点击率

针对第二个问题，在图 10.6 对比了 DDQN、off-DL 和 on-DL 三个方法在锦囊推荐任务上的性能。结果显示，三个方法在性能上的优劣对比非常明显且随时间稳定：Off-DL 性能最差，毕竟其使用的是静态的特征和模型；on-DL 要优于 Off-DL，因为其可以使用实时的特征且实时地更新模型；而 DDQN 在点击率和用户点击率两个指标上都获得了最高的性能。同时在转化率指标上，在图 10.6c 上展示了在连续 4 天内的不同方法的性能对比，从中可以看出，仍然是 DDQN 取得了最高的转化率。正如之前指出的，DDQN 网络结构和监督模型完全相同，只不过训练的方式不同，而结果的差异正说明了通过考虑长期的奖赏和用户浏览点击的序列决策特性是可以带来帮助的。

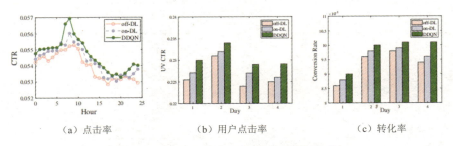

(a) 点击率　　　　　　　(b) 用户点击率　　　　　　(c) 转化率

图 10.6　off-DL、on-DL 和 DDQN 的性能对比

针对第三个问题，考察了分层采样经验池的作用。在实验中，在三种用户属性分层上进行了分层采样：性别、购买力和性别购买力组合，分别用 SSR-Gender、SSR-purchasing power 和 SSR-Together 简称指代。图 10.7 展示了每个方法对应的奖赏估计的方差，其结果证实了通过分层采样确实可以有效地减少方差。此外，还可以观察到 SSR-OA 的方差要低于 SSR-PA，证实了最优分配的确要优于比例分配。还考察了不同方法在点击率和用户点击率上的性能对比，如图 10.8 所示和图 10.9 所示，进一步验证了分层采样策略的有效性。总体而言，在点击率和用户点击率上的性能对比结果和奖赏估计方差的缩减量对比结果是一致的，进一步表明了缩减奖赏方差对性能提升是有帮助的。

(a) SSR-Gender　　　　(b) SSR-Purchasing Power　　　　(c) SSR-Together

图 10.7　在连续 4 天内使用分层采样经验池得到的方差对比

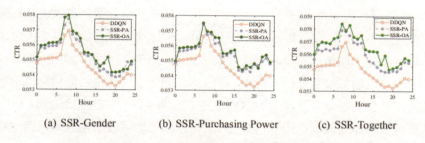

图 10.8 在 24 小时内分层采样在不同人群上的点击率对比

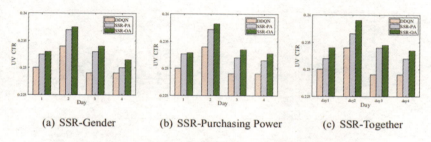

图 10.9 在 4 天内分层采样在不同人群上的用户点击率对比

针对第四个问题，考察了近似遗憾奖赏策略的有效性。图 10.10a 首先显示了使用了近似遗憾奖赏策略之后可以得到一个方差更小的奖赏估计，同时对应的也可以看到其在点击率和用户点击率上的性能提升，分别如图 10.10b 和图 10.10c 所示。

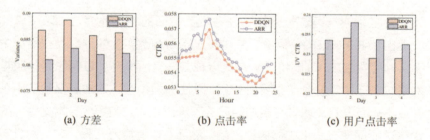

图 10.10 近似遗憾奖赏策略的性能对比

最后，针对第 5 个问题，对结合了分层采样经验池（具体而言，是 SSR-together 分层策略结合最优分配算法）和近似遗憾奖赏策略的 Robust

DQN 算法进行了测试。在上述的实验中，已经充分验证了两种改进策略的有效性。图 10.11 显示了 Robust DQN 及其他对比算法在连续两周内的性能对比，其中的 DL 指代的是 on-DL。结果显示，正如我们所预期的，DL 在每个阶段的性能都是最差的。此外，可以观察到分层采样经验池和近似遗憾奖赏策略都显著地提升了原始 DDQN 的性能。在所有方法中，Robust DQN 算法获得了最高的性能，证实了改进方法可以很好地适应淘宝锦囊推荐这样的动态开放环境。

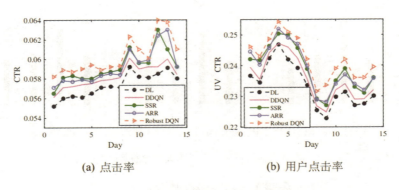

(a) 点击率　　　　　　　　　(b) 用户点击率

图 10.11　所有方法在 2 周内的性能对比

10.5　总结与展望

针对淘宝锦囊推荐这一特定的任务及其背后的动态环境对学习带来的挑战，提出了 Robust DQN 算法，并将其应用到淘宝实际的锦囊类型推荐中进行了实验，最终的 CTR 和 UV 均比以往方法有所提升，证明了两种改进方法对系统的效果均起到了很好的作用。以往的强化学习方法更多的应用在游戏领域中，而电商环境具有更加明显的不确定性，方差更大。本文提出的方法也是试图探索方法来减弱这种影响。然而，作者能力有限，在应对真实复杂的环境时，以前的方法确实仍然存在太多问题。比如用户的特征并不完全在淘宝平台上展现，并不完全符合马尔科夫性等，还需要更多的研究和尝试，以求取得更多的突破。

第 11 章
基于上下文因子选择的
商业搜索引擎性能优化

11.1 研究背景

在工业和商业场景中，信息检索和机器学习应用在许多领域扮演了重要的角色，例如网页搜索引擎（谷歌，百度）和电商搜索引擎（淘宝，亚马逊）等。为了在在线环境中响应用户的查询请求，搜索和推荐类应用需要对大量的商业数据进行排序。为了有效支持这些应用，需要考虑两大关键问题：

（1）有效性，即在最终排序页面的排序结果准确和可靠。

（2）效率，即搜索引擎能否在有限的时间内响应用户的请求。

在大规模的应用中，同时解决用户体验与性能是一个非常具有挑战性的问题。

为了解决越来越多的深度模型的计算负担和大流量的服务请求，搜索引擎只能在有效性方面降级，比如减少投放商品的数量，下线一些不必要的服务等来避免服务延迟或者崩溃。尽管可以在一定程度上避免服务器崩溃，但这些方法通常严重影响用户体验。由于这些方法只是在搜索引擎的处理性能与服务的可用性之间做了一个"一刀切"的妥协，所以必然存在不必要的收益损失。能否设计一种"软性"或者"智能"的方案来解决有效性和效率呢？

答案是肯定的，Liu et al. 提出了一种级联的排序模型，来解决在大规模电商搜索应用中的有效性与性能的妥协[82]问题，其方法主要集中在优化排序过程中的商品数量上。受其启发，我们尝试从另外一个可能方向来优化电商搜索引擎。在一个现代搜索引擎中，排序过程往往会涉及一个因子集合，以及在这个因子集合上的排序函数。我们猜测，在现实世界的应用中，不是所有的因子都是必要的。数据也验证了这一猜测，经过数据分析，发现线上系统中的排序因子有着非常高的相关性，如图 11.1 所示。因此，在我们的线上运行环境中，冗余的因子确实存在。另一方面，我们发现不同的上下文通常有着不同的转换率[①]。比如，高购买力的用户在一些长尾（低频）查询里

[①] 这里，$\langle u, q \rangle$ "用户关键词（user-query）对"定义了上下文。

总是有更高的转换率，因此在这一类查询中，可能一些低准确率但高效率的因子就足够了。以上观察显示，在某些场景下仔细筛选一个因子的子集用来排序，是有可能达到或者逼近使用全部信息进行排序的效果，因此原问题可以简化抽象为一个基于上下文描述的最优子集抽取（组合优化）问题，称之为 CFS（Contextual Factor Selection）问题。

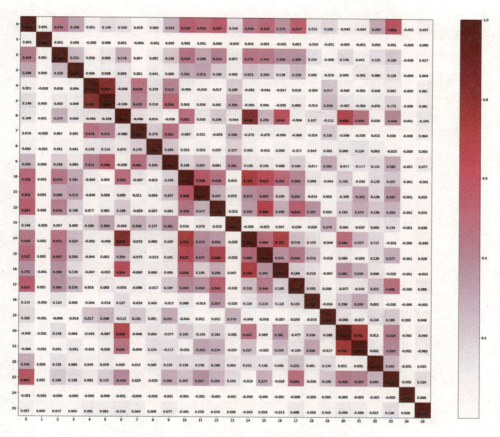

图 11.1　排序因子的皮尔逊积矩相关系数矩阵

图注：图中，格子颜色越深，因子间的相关性越强。

组合优化问题在计算机科学中是一个基础性的问题。最近，Bello *et al.* 的研究工作显示，强化学习结合指针网络可以近似求解组合优化问题，例如 TSP 问题。在本章中，我们试图通过强化学习算法设计一个创新的模型来解决上面提到的挑战。我们形式化地定义了一个通用的优化框架，以及在这个框架下定义一个能同时反映排序有效性和效率的损失函数。然后，通过将上下文描述和因子选择融合到状态与动作中，将基于上下文描述的组合优化问题转化为一个顺序决策问题，并针对这个问题设计一个新的奖赏函数，用来同时节省因子的计算开销，以及保证排序结果的质量。在本章中，最终方案通过著名的强化学习算法 A3C 进行求解。基于因子间的普遍相关性和系统中对上下文进行的建模，我们的方法能够有效地处理 CFS 问题，同时尽量减少对商业指标的影响，比如网站成交金额（GMV）和点击率（CTR）等。

在离线和在线环境中，我们将方法和其他相关算法进行了对比，并验证了我们的算法的优越性，并在 2017 年"双 11"的大规模系统应用和流量上，证明了该方法的有效性。

本章的贡献可以归纳为以下几点：

（1）针对搜索引擎加速的问题，提出了基于上下文描述的因子选择方案。

（2）将排序中的上下文因子选择问题建模成一个基于上下文的通用组合优化问题。

（3）设计了基于强化学习的算法来解决组合优化问题。

（4）在线上和线下环境，验证了方法的有效性。

剩下的章节安排如下：在第 2 节介绍基础数学工具；第 3 节提供相关背景；在第 4 节，从优化的角度定义问题；第 5 节提出 Actor-Critic 方法解决 CFS 的问题；第 6 节是实验结果的分析；最后一节总结整个章节。

11.2 排序因子和排序函数

设 O 是数据库中所有商品的集合，Q 是所有可能查询的集合，U 定义了所有用户信息的集合。令$\{\langle u,q \rangle_1, \langle u,q \rangle_2, ..., \langle u,q \rangle_m\}$是 user-query 对的集合，其中$\langle u,q \rangle_i \in \mathcal{U} \times \mathcal{Q}$定义了搜索请求中的第$i$个 user-query 对。$O_i = \{o_{i,1}, o_{i,2}, ..., o_{i,n_i}\}$是第$i$个 user-query 对相关的商品的集合。其中，n_i是相关商品的数量。电商场景下的排序问题可以定义为一个排列生成问题，即生成一个排列函数 $\sigma_i \in \Sigma_i$，这里 σ_i 是一个从 $\{1,2,...,n_i\}$到$\{1,2,...,n_i\}$的——映射，Σ_i定义了所有的在集合 O_i上的所有排列。排序的目标是，寻找一个最优排列，使得依据这个排列进行商品展示，用户购买的概率可以最大化。排列一般由一个排序函数 $F(\langle u,q \rangle_i, o_{i,j}) \to \mathbb{R}$生成，对应请求 $\langle u,q \rangle_i$，排序函数对于每一个商品 $o_{i,j} \in O_i$打分。让$x^{i,j} \in \mathbb{R}^n$ 为相关商品 $o_{i,j} \in O_i$在查询 $\langle u,q \rangle_i$下的相关因子向量，其中 $i = 1,2,...,m$；$j = 1,2,...,n_i$。在因子向量中，一些因子依赖于 user-query 对 $\langle u,q \rangle_i$和商品 $o_{i,j}$。为了不失一般性，排序模型可以定义为：

$$F(\langle u,q \rangle_i, o_{i,j}) = f(x^{i,j}) \tag{11.1}$$

式中，$f: \mathbb{R}^n \to \mathbb{R}$是排序函数，它可以是任意函数，比如线性模型、深度网络或者一个树模型。

排序函数一般从一个从真实系统记录得到数据集 $\mathcal{D} = \{(\langle u,q \rangle_i, x^i, y_i)\}_{i=1}^{N}$，其中$N$是训练数据集的数量，$y_i = \{y_{1,i}, y_{2,i}, ..., y_{i,n_i}\}$定义了商品对应的标签。$y_{i,j} \in \mathcal{Y} = \{\text{view}, \text{click}, \text{buy}\}$定义了用户在第 j个商品的反馈。训练可以采用 LTR 方法中的 point-wise 方法[26, 76]，或者 pair-wise 方法[38, 146]，或者 list-wise 方法[145, 21, 17]。值得注意的是，本章假设已有一个训练好的排序函数，并且考虑排序函数是一个黑盒，比如不能访问梯度或者 Hessian 矩阵信息。

11.3 相关工作

工作中有许多内容试图解决有效性与效率的挑战，下面进行简要介绍。

级联学习（Cascade learning）最初是为了解决在传统分类和识别问题中的有效性与效率问题，比如物体快速识别[11, 108, 132]。Liu et $al.$针对大规模电商搜索系统提出了一种级联排序模型并且将其部署到淘宝[82]。然而，他们的方法只是在全局排序商品数量上进行优化，而我们的精力主要集中在排序过程中不同上下文中因子的选择。

特征选择（Feature selection）试图去掉不相关或者多余的特征来改善学习效率[48]。传统的特征选择方法大致可以分为两大类：filter 方法与 Wrapper 方法。filter 方法使用学习相关的度量来评估和选择特征，比如 information gain 和 Relief[63]。Wrapper 方法通过最终产出模型的效果进行特征选择，比如使用准确性作为特征质量的评估标准。Liu *et al.* 提出了 TEFE (Time-Efficient Feature Extraction)，其通过对每一个测试物体抽取一个特征子集来平衡测试的准确性和测试时间。在 LTR 文献中，特征选择是一种改善性能的方法。通常的做法是根据对排序的重要性，从一个因子全集中选择重要的因子子集，如文献[40, 134, 135]。Geng *et al.* 提出了一种查询无关因子的选择方法，但是他们没有考虑真正的计算开销以及查询相关的因子[40]。也有一些方法考虑了查询相关的信息，具体而言是查询的相关开销（延迟）[134, 135]，而我们主要考虑了因子的计算开销（延迟）问题。

集成减枝（Ensemble pruning）是一类试图选择一个模型（因子）子集来组成模型的方法[147]。最近，Benbouzid *et al.* 对 Q-Learning 算法应用了集成减枝，其中一个强化学习 Agent 试图来决定是否使用基础模型。然而，他们的方法是上下文无关的并且缺少在真实世界大规模应用的验证。

11.4 排序中基于上下文的因子选择

本节会阐述一个上下文因子选择（CFS）问题的通用框架构造一个搜索引擎的优化器。这个优化器能够使电商在构造搜索引擎的同时满足有效性和效率的要求。和上面提到的类似，一个因子向量 $x^{i,j} \in \mathbb{R}^p$ 分配给了一个对应的商品 $o_{i,j} \in \mathcal{O}_i$，其中向量的每一维都是在线计算的并且有不同的计算开销。令 $x^{i,j} = \{x_1^{i,j}, x_2^{i,j}, ..., x_p^{i,j}\}$ 是因子向量，相关的计算开销向量是 $c = \{c_1, c_2, ..., c_p\}$，其中，$c_k$ 定义了第 k 个因子的计算开销。Ω 是所有因子的集合。集合 Ω 的一个子集 S 的指示函数定义如下：

$$\mathbb{I}_S(k) = \begin{cases} 1 & 若 x_k \in S, \\ 0 & 若 x_k \notin S. \end{cases} \quad (11.2)$$

从实践的角度来讲，在排序中一些因子可能是非必要的。比如，给定一个因子的集合 $\Omega = \{x_k^{i,j} \mid k = 1, 2, \ldots, p\}$，$\Omega$ 的一个拥有高置信因子的子集 S 也许在某些上下文中就足够用来排序。因此，给定一个商品 $o_{i,j}$ 和一个指示函数 $\mathbb{I}_S$，计算开销函数可以写为 $\sum_{k=1}^{p} \mathbb{I}_S(k) c_k$，指示函数决定了是否使用对应的因子来参加排序过程①。因此，给定一个商品集合 O_i，总计算开销为：

$$\sum_{j=1}^{n_i} \sum_{k=1}^{p} \mathbb{I}_S(k) c_k, \quad (11.3)$$

正如式（11.1）中定义的，涉及所有因子的排序模型可以写为

$$F_\Omega(o_{i,j}) = f(x_1^{i,j}, x_2^{i,j}, \ldots, x_p^{i,j})$$

而且涉及子集 S 的可以写为

$$F_S(o_{i,j}) = f\big(\mathbb{I}_S(1) x_1^{i,j}, \mathbb{I}_S(2) x_2^{i,j}, \ldots, \mathbb{I}_S(p) x_p^{i,j}\big) \quad (11.4)$$

可以将 F_Ω 生成的排列作为最优的排列，因为其包括了在排序过程能够拥有的所有排序因子。因此，给定一个 $\langle u, q \rangle_i$ 请求，目标可以写为

$$\min_{S \subseteq \Omega} D^{O_i}(F_\Omega \| F_S) + \lambda n_i \sum_{k=1}^{p} \mathbb{I}_S(k) c_k, \quad (11.5)$$

式中，$D^{O_i}(F_\Omega \| F_S)$ 定义了函数 F_Ω 和 F_S 在商品集合 O_i 上的距离。这个距离可以是任意两个函数间的距离，例如 KL 散度[68]。第二项是在集合 S 中的因子计算开销，$\lambda > 0$ 是参数。目标函数旨在尽量减少因子使用的同时，通过函数 F_S 来逼近原来的排序函数 F_Ω。

---

① 这里主要考虑因子的计算开销，而忽略其他的开销。

式（11.5）对于单个 $\langle u,q \rangle_i$ 的请求可以简化为最优子集问题，众所周知，这是一个 NP-Hard 问题[29, 92]。进一步的，需要做上下文的因子选择，也就是对于每一个 $\langle u,q \rangle_i$ 解一个 NP-Hard 问题，这在大规模系统中是不可行的。为了克服该问题，我们试图在上下文级别泛化式（11.5）的解。也即不直接搜索最优子集 $S^\star$，而是定义

$$S_{\langle u,q \rangle} = H(\langle u,q \rangle \mid \boldsymbol{\theta}) \quad (11.6)$$

式中，H 是参数为 $\boldsymbol{\theta}$ 的模型，user-query 对 $\langle u,q \rangle$ 刻画了上下文。基于相似的 $\langle u,q \rangle$ 表示应该有相似的最优子集结构的假设，这种形式化可以将解空间从原来的多个最优子集选择问题减少到一个全局的参数空间。因此，目标是搜索一个全局的参数向量 $\boldsymbol{\theta}$ 来最小化定义式（11.5）中的开销。

为便于举例，我们采用了线性排序函数作为例子，深度网络和基于树的排序模型等可以通过类似的方法推导。在线性设定中，商品 $o_{i,j}$ 在 $\langle u,q \rangle_i$ 下的分数如下：

$$f(x_1^{i,j}, x_2^{i,j}, \ldots, x_p^{i,j}) = \sum_{k=1}^{p} w_k^i x_k^{i,j}, \quad (11.7)$$

式中，w_k^i 是因子 $x_k^{i,j}$ 对应的权重。

从另一个角度讲，排列 $\sigma_i \in \Sigma_i$ 依赖于用来计算分数的因子。给定一个 user-query 对 $\langle u,q \rangle_i$ 和一个对应的权重向量 $\boldsymbol{w}^{\langle u,q \rangle_i}$，线性排序函数可以写为：

$$\begin{aligned} &f(\mathbb{I}_{S_{\langle u,q \rangle_i}}(1)x_1^{i,j}, \mathbb{I}_{S_{\langle u,q \rangle_i}}(2)x_2^{i,j}, \ldots, \mathbb{I}_{S_{\langle u,q \rangle_i}}(n)x_p^{i,j}) \\ &= \sum_{k=1}^{p} \mathbb{I}_{S_{\langle u,q \rangle_i}}(k) w_k^i x_k^{i,j} \end{aligned} \quad (11.8)$$

式中，$\mathbb{I}_{S_{\langle u,q \rangle_i}}(k)$ 是指示函数，主要依赖于 user-query 对 $\langle u,q \rangle_i$。为了方便起见，$\mathbb{I}_{S_{\langle u,q \rangle_i}} \in \{0,1\}^p$ 定义了与因子向量 $\boldsymbol{x}^{i,j}$ 对应的 0-1 向量。因此，假设排序模型已知且权重向量是固定的，排序排列高度依赖排序函数 $f(\cdot)$ 和指示函数 $\mathbb{I}_{S_{\langle u,q \rangle_i}}$。因此，排序优化的最重要方面是学习一个指示函数 $\mathbb{I}_{S_{\langle u,q \rangle_i}}$ 来决定因

子的使用，如图 11.2 所示。为了简化符号，将 $\mathbb{I}_{S_{\langle u,q \rangle_i}}$ 写为 $\mathbb{I}_\theta$，参数 θ 刻画了因子子集 $S_{\langle u,q \rangle_i}$。因此，排序函数 $f(\cdot)$ 和因子函数 $\mathbb{I}_\theta$ 诱导了排序排列 $\sigma_i^{\mathbb{I}_\theta}$。因此，我们可把距离函数 $D^{O_i}(F_\Omega \| F_S)$ 重写为 $D^{O_i}(\sigma_\Omega \| \sigma_S)$，这里 σ_Ω 和 σ_S 是由排序函数 F_Ω 和 F_S 分别诱导的排列。

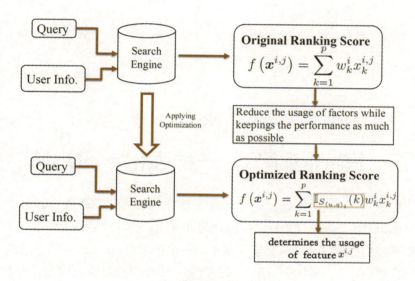

图 11.2　排序优化举例

有了上面的最优排序排列 σ_Ω，然后定义在一个商品集合 O_i 上的排列 $\sigma_i^{\mathbb{I}_\theta}$ 和最优排列 σ_Ω 的距离：

$$D^{O_i}(\sigma_\Omega \| \sigma_i^{\mathbb{I}_\theta}) = \frac{2}{n_i(n_i-1)} \sum_{\substack{j,k=1,j \neq k \\ \sigma_\Omega(j) \geqslant \sigma_\Omega(k)}}^{n_i} \mathbf{1}(\sigma_i^{\mathbb{I}_\theta}(j) < \sigma_i^{\mathbb{I}_\theta}(k)), \quad (11.9)$$

式中，$\mathbf{1}(\sigma_i^{\mathbb{I}_\theta}(j) < \sigma_i^{\mathbb{I}_\theta}(k))$ 等于 1，如果 $\sigma_i^{\mathbb{I}_\theta}(j) < \sigma_i^{\mathbb{I}_\theta}(k)$；在其他情况等于 0。对于距离 D 的定义，本质上是实现了传统 LTR 文献中的平均 pairwise loss。这个距离 D 度量了诱导的排列和最优排列之间在排序对上的判断差别。

有了上面定义的距离和总开销函数，我们的目标是给定一个 user-query

对 $\langle u,q \rangle_i$，对应的商品集合 $\mathcal{O}_i$ 和排序函数 f，学习一个指示函数 $\mathbb{I}_\theta$ 来最小化距离函数 D 和总的计算开销。式（11.5）能进一步写为

$$\mathcal{L}(\langle u,q \rangle_i, \mathcal{O}_i, f \mid \theta) = D^{\mathcal{O}_i}(\sigma_\Omega \| \sigma_i^{\Pi_\theta}) + \lambda \sum_{j=1}^{n_i} \sum_{k=1}^{p} \Pi_\theta(k) c_k$$

$$= \underbrace{\frac{2}{n_i(n_i-1)} \sum_{\substack{j,k=1, j \neq k \\ \sigma_\Omega(j) \geqslant \sigma_\Omega(k)}}^{n_i} \mathbb{1}(\sigma_i^{\Pi_\theta}(j) < \sigma_i^{\Pi_\theta}(k))}_{\text{排序有效性}} \quad (11.10)$$

$$+ \underbrace{\lambda n_i \sum_{k=1}^{p} \Pi_\theta(k) c_k}_{\text{排序性能}}$$

11.5 RankCFS：一种强化学习方法

在第 11.4 节中提到，式（11.10）定义的优化问题在通用的例子上是 NP-Hard 问题，因此找到一个精确解是非常困难的。受到最近的工作[8, 18]的启发，我们提出了使用强化学习来学习一个指示函数 θ 来优化因子的选择，其核心思想在于，将指示向量的每一维转化为一个顺序决策问题，称这个算法为 RankCFS。

11.5.1 CFS 问题的 MDP 建模

针对 CFS 问题，我们尝试通过使用一个强化学习策略，从全局中逐渐选出一个因子的子集，而不是直接求解指示向量 $\mathbb{I}_\theta$。但在这样一个组合动作空间中寻找最优解，会面临计算复杂度高、搜索困难等问题。

为了减小动作空间，引入了一个固定的因子顺序，使得策略能够根据因子的使用来顺序地决定。对于每一个 user-query $\langle u,q \rangle_i$ 对请求，指示向量 $\mathbb{I}_\theta$ 能够在 p 次决策后确定。对于第 k 次决策（$1 \leqslant k \leqslant p$），需要确定第 k 个因子是否需要在排序函数中使用，即 $a_k \in \mathcal{A} = \{\text{Skip}, \text{Keep}\}$ 是在第 k 步需要选择的动

作，其中 $\mathcal{A}$ 是动作空间。a_k 通过一个策略来获得：

$$a_k = \pi(s_k|\theta), \tag{11.11}$$

式中，s_k 是第 k 步的状态表示。然后得到：

$$\mathbb{I}_\theta(k) = \begin{cases} 0 & \text{当 } a_k = \text{Skip}, \\ 1 & \text{当 } a_k = \text{Keep}, \end{cases} \tag{11.12}$$

在 p 步之后，$\mathbb{I}_\theta$ 确定了且排序排列 $\sigma^{\mathbb{I}_\theta}$ 也确定了。然后，可以直接计算损失函数 $\mathcal{L}$ 来评估选择的动作的结果。这个结果可以进一步用来定义在 episode 中 p 步动作的总奖赏。如图 11.3 所示，整个算法的关键点是状态设计（基于生成的动作）、奖赏设计（如何评价每一个动作）与强化学习的优化方法（如何找到最优策略）。

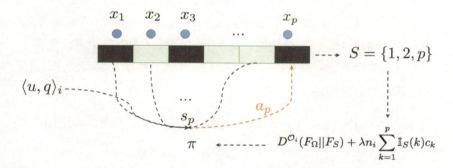

图 11.3　强化学习剪枝案例目标是，选择一个因子子集来优化定义在式（11.5）的目标

11.5.2　状态与奖赏的设计

最优策略应该在状态空间上泛化，且对于一个 episode 的最优动作只会依赖于 $\langle u,q \rangle_i$ 请求，因此，状态可以设计为：

$$s_k = (v_{\langle u,q \rangle_i}, k) \in R^{l+1} \tag{11.13}$$

式中，$v_{\langle u,q \rangle_i} \in R^l$ 是 user-query 对 $\langle u,q \rangle_i$ 的向量表示。对应的奖赏 r_k 可以定义为

$$r_k = \begin{cases} 0 & \text{当 } 1 \leqslant k < p \\ -\mathcal{L}(\langle u,q \rangle_i, \mathcal{O}_i, f \mid \boldsymbol{\theta}) & \text{当 } k = p \end{cases} \quad (11.14)$$

与大部分目标导向的强化学习任务类似，当 episode 没有结束时（即 $1 \leqslant k < p$），agent 收到的奖赏均为0，直至 episode 结束，agent 收到一个非零的奖赏 $-\mathcal{L}(\langle u,q \rangle_i, \mathcal{O}_i, f \mid \boldsymbol{\theta})$。通过以上的奖赏，定义且设置折扣系数 γ 为 1，不难验证强化学习优化的目标恰好是式（11.10）定义的目标取负，即

$$\Re(\boldsymbol{\tau}) = \sum_{k=1}^{p} \gamma^{k-1} r_k = -\mathcal{L}(\langle u,q \rangle_i, \mathcal{O}_i, f \mid \boldsymbol{\theta}) \quad (11.15)$$

这意味着，最大化 $\Re(\boldsymbol{\tau})$ 更能直接地最小化 $\mathcal{L}$，使得可以通过深度强化学习的能力找到 $\mathcal{L}$ 的最优解。

然而，从经验上来讲，有两个因素使得学习以上的强化学习问题的最优策略很困难：第一个是奖赏的稀疏性，是已知的稀疏反馈问题（Sparse feedback problem）[67]；另一个问题是奖赏在连续空间中分布太广使得 Critic 模型很难收敛。受到奖赏塑性技术的启发，考虑把状态和奖赏的表示进行修改来尝试缓解上面的两个问题。

先初始化 $\mathbb{I}'_{\boldsymbol{\theta}} = [1,1,\ldots,1] \in R^p$ 为一个全 1 的向量，在第 k 步更新 $\mathbb{I}'_{\boldsymbol{\theta}}$ 为：

$$\mathbb{I}'_{\boldsymbol{\theta}}(t|k) = \begin{cases} \mathbb{I}_{\boldsymbol{\theta}}(t) & \text{当 } 1 \leqslant t < k, \\ 1 & \text{当 } k \leqslant t \leqslant p, \end{cases} \quad (11.16)$$

然后，扩展状态向量为

$$\boldsymbol{s}_k = (v_{\langle u,q \rangle_i}, k, \mathbb{I}'_{\boldsymbol{\theta}}(\cdot \mid k)) \in R^{l+p+1}. \quad (11.17)$$

因此，状态在一个 episode 记录了之前的决策。在第 k 步，奖赏是基于 $\mathbb{I}'_{\boldsymbol{\theta}}(\cdot \mid k)$ 计算的，也就是对于每一步，都要预评价到当前为止的决策，并假设剩下的决策全部是 1。对于每一个奖赏 r_k，将其分解为有效性部分 $\mathcal{T}(\boldsymbol{s}_k, \boldsymbol{a}_k)$ 和性能部分 $\mathcal{G}(\boldsymbol{s}_k, \boldsymbol{a}_k)$，也就是 $r_k = \mathcal{T}(\boldsymbol{s}_k, \boldsymbol{a}_k) + \mathcal{G}(\boldsymbol{s}_k, \boldsymbol{a}_k)$。对于性能部分，对于保留第 k 个因子时施加一个惩罚 $-\lambda n_i c_k$：

$$\mathcal{G}(\mathbf{s}_k, \mathbf{a}_k) = \begin{cases} 0 & \text{当 } \mathbf{a}_k = \text{Skip}, \\ -\lambda n_i c_k & \text{当 } \mathbf{a}_k = \text{Keep}, \end{cases} \quad (11.18)$$

这个部分与式（11.10）一致。对于有效性部分，对于在$\mathbb{I}_{\boldsymbol{\theta}}$下排序开销

$$\mathcal{T}(\mathbf{s}_k, \mathbf{a}_k) = \begin{cases} -r_c & \text{当 } D^{O_i}(\sigma_\Omega || \sigma_i^{\mathbb{I}'_{\boldsymbol{\theta}}}) > \beta \\ 0 & \end{cases} \quad (11.19)$$

注意，这里并没有使用和式（11.10）更一致的$-D^{O_i}(\sigma_\Omega || \sigma_i^{\mathbb{I}'_{\boldsymbol{\theta}}})$表示惩罚。通过这个设计，可以帮助 Critic 容易区别坏的和好的排序结果。进一步的，可以通过一个很大的惩罚 $-r_c$ 来避免生成非常差的排序结果。

11.5.3 策略的学习

在将原问题转化为一个强化学习问题后，可以使用多种强化学习方法。本节选择了经典的 Actor-Critic 策略梯度方法[87]，我们称整个算法为 RankCFS。值得注意的是，原优化问题的难度并不会因为引入了强化学习技术而减小。基于强化学习的方法在这里的作用是一个优化器，其解空间包含了最优解，且通过 trial-and-error 方法，提供了一条到最优解的有效搜索路径。

如算法 7 所示，一个在线的搜索系统的数据 $\mathcal{D} = \{(\langle u, q \rangle_i, O_i)\}_{i=1}^N$，奖赏折扣系数 γ，奖赏定义使用的参数 λ、β、r_c 和最大训练步数 $T_{\max}$ 作为算法的输入。Actor 网络的参数 $\boldsymbol{\theta}$ 是算法的输出。先初始化 Actor 和 Critic 网络的参数和计步器 T，如行 1 和 2 所示。训练阶段开始于每一个 page view 的迭代，见行 6~10。然后，标准的策略梯度在行 14~15 执行，其中四元组 $(\mathbf{s}_k, \mathbf{a}_k, r_k, \mathbf{s}_{k+1})$ 是反向组织的，所以折扣累积奖赏 $\mathfrak{R}$ 可以增量式的更新（行 13）。当训练的步骤超过阈值 $T_{\max}$ 时，训练过程停止。

算法7：RankCFS

Require:
$\mathcal{D}$: 训练数据集 $\mathcal{D} = \{(\langle u,q \rangle_i, O_i)\}_{i=1}^N$
f : 排序函数

$\gamma, \lambda, \beta, r_c, T_{\max}$：算法超参数

Ensure:
    θ：   Actor 网络参数

1 初始化 Actor 网络参数 θ 和 Critic 网络的参数 μ
2 $T \leftarrow 1$
3 **repeat**
4   **for** 每个 $(\langle u,q \rangle_i, O_i) \in D$ **do**
5          $T \leftarrow T+1$
6   依据式 11.17 初始化状态 s_1
7   **for** $k = 1, 2, ..., p$ **do**
8   对第 k 个因子，依据 $\pi_\theta(s_k)$ 对其进行决策，并观察对应的奖赏 r_k 和下一个状态 s_{k+1}
9   将四元组 (s_k, a_k, r_k, s_{k+1}) 放入缓存
10   **end for**
11        $\Re \leftarrow 0$
12   **for** $k = p, p-1, ...,$ **do**
13            $\Re \leftarrow r_k + \gamma \Re$
14            $\theta \leftarrow \text{Adam}(\theta, \nabla_\theta \log \pi_\theta(a_k | s_k)(\Re - V^{\pi_\theta}(s_t | \mu)))$
15            $\mu \leftarrow \text{Adam}(\mu, (\Re - V^{\pi_\theta}(s_k | \mu))\nabla_\mu V^{\pi_\theta}(s_k | \mu))$
16   **end for**
17   **end for**
18 **until** $T > T_{\max}$

11.6 实验与分析

本节提供了在线和商业在线环境中的实验结果。之所以在离线环境中进行模拟对比，目的是提供一种额外的方法验证我们的算法。然后，在一个真实的商业网页搜索引擎显示性能的提升。最后，在"双 11"狂欢购物节当天测试了算法的效果。

11.6.1 离线对比

本节，会将算法和 Norm Elimination 方法，基于l_1的特征选择、基于树的特征选择以及基于F-测试特征选择进行离线对比。

1. **Norm Elimination** 方法会将权重绝对值小于常数ϵ的因子移除。

2. **基于l_1的特征选择**是一种基于模型的特征选择方法。主要是根据l_1正则选择因子。其基本思想是将l_1系数为 0 的因子移除。在这个方法中，需要将一个排序问题转化为一个监督学习问题。将训练数据集定义如下：令标签 $l^{i,j} = f(x_1^{i,j}, x_2^{i,j}, ..., x_p^{i,j}) = \sum_{k=1}^{p} w_k^i x_k^{i,j}$和对应的因子向量为 $\mathbf{x}^{i,j}$。因此训练数据集可以定义为 $\mathcal{D}_{\mathcal{T}} = \{l^{i,j}, \mathbf{x}^{i,j}\}$，其中 $j = 1, ..., n_i$和$i = 1, ..., N$。因此，可以通过训练集 $\mathcal{D}_{\mathcal{T}}$ 训练一个回归器，然后基于已经训练的模型选择因子。我们选用 Lasso 作为我们的对比方法。

3. **基于树的特征选择**方法和基于l_1的方法相似，不同的是将 Lasso 模型替换为一个非线性的回归树模型。

4. **基于F-测试**是一种不基于模型的特征选择方法，其选择k个F-测试最高的因子参与排序。

5. **RankCFS**，（Rank Contextual Factor Selection）算法是我们提出的算法，可以根据上下文调节因子的使用。

对于基于l_1的、基于树的和基于F-测试的特征选择方法，采用了 scikit-learn 的实现[87]。我们利用 Tensorflow 实现了 RankCFS[1]。对于离线评估中最优的排序模型，选择了淘宝的线性模型中的一个并将其作为一个黑盒子来使用。在实验过程中，只考虑排序的模型的输入输出。设 Norm Elimination 中参数 $\epsilon = 0.1$；在 Lasso 模型中，l_1的乘数项α等于0.05；选择 scikit-learn 包中的默认的 ExtraTreeRegressor 作为树模型；Actor 和 Critic 是通过两个三层全连接的 DNN 网络分别构造的。Actor 的 DNN 网络的结构为 $266 \times 128 \times 128 \times 20$，Critic 的结构是$266 \times 128 \times 128 \times 1$。我们采用 $relu$ 作为隐层的激活函数，使用 Adam 算法作为网络的优化算法且 Actor 和 Critic

的学习率分别是0.0001和0.001。

通过采样得到了 100,000 个样本的数据集，在 50,000 个样本上分别训练基于 l_1 的、基于树的和基于 F-测试的特征选择方法[1]，然后在剩下的 50,000 个样本上测试[2]。对于基于 l_1，基于树和基于 F-测试的方法，在训练后特征的选择就决定了。我们在测试阶段使用了一个固定的特征选择策略。因子的计算开销向量 c 是从淘宝的线上运行环境统计得到的。

我们计算了定义在式（11.9）中的 Averaged Pairwise Loss 和 Factor Usage，如图 11.4~图 11.6 所示。Norm Elimination 移除那些在不同上下文中权重绝对值比较小的因子，因此像 Loss、Factor Usage 这些指标在不同的 page view 中会不同。图 11.4 显示了 RankCFS $\beta = 0.05$ 在 Pairwise Loss 方面超过了其他方法。而且在图 11.6，RankCFS 算法的 Averaged Factor Usage 与基于树的方法非常接近。图 11.6 展示了 Weighted Factor Usage，其中权重是对应的计算开销。该指标能够更精确地反映因子的使用。比如，Norm Elimination 方法只考虑权重额绝对值，而 RankCFS 趋向于去除高计算开销的因子。在所有方法中，RankCFS $\beta = 0.05$ 拥有最低的 Weighted Factor Usage。它验证了 RankCFS 方法可以在保持排序效果的同时减轻计算负担。基于 F-测试的方法 Pairwise Loss 很高，这意味着其排序效果非常差，可能的原因在于它是一种与模型无关的方法，没有考虑到采用的排序模型。总的来讲，实验表明 RankCFS 算法成功地搜索了函数空间并找到最优排序函数的一个高质量的近似。表 11.1 总结了不同参数的实验结果。注意 RankCFS $\beta = 0.25$ 优于 RankCFS $\beta = 0.15$，可能是因为 RankCFS $\beta = 0.25$ 落入了一个局部最优解。

---

① 没有必要训练 Norm Elimination 方法，因为其只是将权重绝对值小的因子去掉。
② 10,000 page views，每个 page view 10 商品。

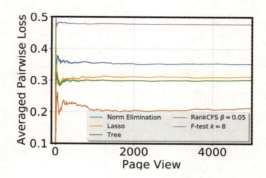

图 11.4　Pairwise Loss vs Page view 的离线对比

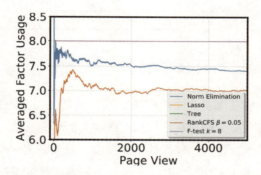

图 11.5　Averaged Factor Usage vs Page view 的离线对比

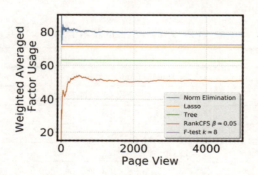

图 11.6　Weighted Averaged Factor Usage vs Page view 的离线对比

表 11.1　不同参数对应的实验结果

Algorithm	Averaged Pairwise Loss	Averaged Factor Usage	Weighted Factor Usage
F-test k=8	0.47	8	72.44
F-test k=11	0.40	11	84.63
F-test k=14	0.29	14	107.93
Norm Elimination	0.35	7.41	78.84
Lasso	0.31	8	71.16
Tree-based	0.3	7	63
RankCFS β=0.05	0.21	7.01	51.06
RankCFS β=0.15	0.27	9.07	67.40
RankCFS β=0.25	0.25	8.4	63.72

11.6.2　在线运行环境的评价

本节将会介绍在淘宝的大规模真实环境中测试算法的结果。我们使用了标准的 A/B 检测设置。对于在线评价，采用了和离线实验一样的学习环境设定，但是使用了更为复杂的非线性排序模型。训练采用一个分布式的流式系统，训练样本大于 1×10^9。表 11.2 是用来开展实验的集群中机器的基本信息。

表 11.2　集群中机器的基本信息

Hardware	Configuration
CPU	2x 16-core Intel(R) Xeon(R)
	CPU E5-2682 v4 @ 2.5GHz
RAM	256 GB
Hyperthreading	Yes
Networking	10 Gbps
OS	AliOS7 Linux 3.10.0 x86_64

淘宝的是一个复杂的系统，每天处理数十亿的商品和上亿的用户查询请求。作为淘宝的一个核心系统，搜索引擎需要快速响应用户的请求。搜索流量会在促销活动中显著增加。因此，系统效率始终是一个重要因素。系统仍

然需要为用户提供高质量搜索服务，导致整个系统的计算负担加重。

在线上环境进行了标准的 A/B 测试实验，随机选取了 6%的用户来做实验。参数 $\beta \in \{0.25, 0.15, 0.05\}$和$\lambda \in \{0.9, 0.8, 0.7\}$通过 GMV 和搜索延迟选取。目标是尽量减少对 GMV 的影响，同时尽量优化搜索延迟。图 11.7（a）选择了最好的结果，参数为$\beta = 0.05$和$\lambda = 0.9$来展示。和实验对照组相比，Rank CFS 方法大约减少了25%的搜索延迟。对于最大搜索延迟，减少了50%。系统指标（GMV）基本持平或者微跌（0~0.5%）。

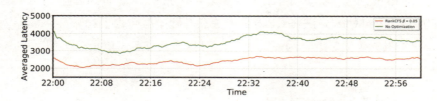

(a) 日常环境中的集群 Latency 指标

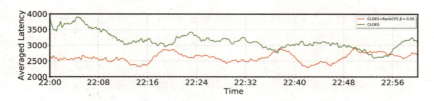

(b) 大促环境中的集群 Latency 指标

图 11.7　Latency in a real-world large-scale e-commerce search engine. Lower is better

11.6.3　双 11 评价

在 2017 年，双 11 当天，销售额超过了 253 亿美元，比 2016 年的销售额提高了 40%。而且吸引了 200 多个国家的上亿名消费者。信息基础设施在峰值每秒成功处理 32.5 万个订单[①]。搜索引擎扮演了很重要的角色。

---

① https://techcrunch.com/2017/11/11/alibaba-smashes-its-singles-day-record/

在双 11 当天，和平时运行状态相比搜索引擎的流量暴涨了数倍。一方面，搜索引擎需要面对高流量的调整，可能导致系统性能降级；另外一方面，在活动中搜索引擎仍然要提供高质量的搜索服务。

在双 11 当天，我们和前面的优化工作一起合作[82]来最大限度地优化搜索引擎，其主要集中在通过级联模型优化排序过程中的商品数目，而 RankCFS 方法主要是优化排序过程使用的因子数量。因此，两种方法能够同时在搜索引擎中生效，我们用 CLOES 算法作为我们的实验对照组，CLOES+RankCFS 作为实验组，其中参数 $\beta = 0.05$[①]。图 11.7b 描述了平均延迟的变化，RankCFS 方法在 CLOES 算法的基础上再节约了 20% 的平均延迟，减小了 33% 的峰值延迟，而系统指标（GMV）基本与 CLOES 算法持平。

11.7 总结与展望

本章详细介绍了大规模电商搜索系统的有效性与性能，并且提供了一种基于强化学习的智能的优化方案。我们定义了在电商环境中的因子选择问题，并将其建模为一个基于上下文描述的最优子集的组合优化问题。然后，通过奖赏函数设计将该问题转化为一个强化学习问题并且通过 Actor-Critic 方法求解。在离线和在线场景下测试了 RankCFS 算法，证明了该方法在大规模电商搜索系统中是一个可行的办法。未来，我们计划从其他方向优化搜索引擎，比如内存的使用和负载均衡。进一步地，在现在的设定中，DNN 网络的表示不是一个端到端的解决方案，所以未来可能会尝试端到端的解决方案，例如 pointer network[131]。

---

① 由于线上资源有限，只能使用 CLOES 作为实验对照组。

第 12 章
基于深度强化学习求解一类新型三维装箱问题

12.1 研究背景

包装成本是物流企业运营成本的主要组成部分之一，如果能够使用合适的包装材料对客户的订单进行合理的包装，降低包装成本，将会给物流企业带来巨大的经济效益。一般场景下的客户订单包装优化可以抽象为经典的组合优化问题——三维装箱问题。在此问题中，需要将若干个不同大小的长方体物品放入箱子中，物品之间不能叠置且不能倾斜，箱子的尺寸和成本已知，优化目标为最小化箱子的使用数量，即最小化总成本。

但是在某些实际业务场景中，我们发现装箱时并非使用固定尺寸的箱子（例如，在跨境电商业务中，大部分是使用柔性的塑料材料，而不是用箱子来包装货物）。由于装箱的成本大部分由装箱材料成本构成，而装箱材料成本又主要取决于材料的表面积，所以在本研究中，我们提出了一类新型的装箱问题。与传统三维装箱问题不同的是，本问题的优化目标为确定一个能够容纳所有物品的箱子，并最小化此箱子的表面积。我们证明了此类新问题为 NP-Hard 问题。

由于寻找装箱问题的最优解非常难，所以相关研究者提出了不同的近似算法和启发式算法来求解此类问题。但是启发式算法往往有着较强的问题依赖性，一类启发式算法可能只适用于求解某种或某些业务场景中的装箱问题。近年来，人工智能技术，尤其是深度强化学习技术有着非常快速的发展，并且在某些问题上取得了令人瞩目的成果，而且深度强化学习技术已经被发现在求解组合优化问题方面具有较大的潜力，所以本研究使用了一种基于深度强化学习的方法来求解新型三维装箱问题。因为对于装箱问题，箱子的表面积取决于物品的放入顺序、摆放的位置和摆放朝向，而且在这些因素中，物品的放入顺序有着非常重要的影响，所以本文基于近些年被提出的、能够有效解决某些组合优化问题的深度强化学习方法——Pointer Network 方法来优化物品的放入顺序。本文基于大量实际业务数据对网络模型进行了训练和检验。结果表明，相对于已有的启发式算法，深度强化学习方法能够获得大约 5% 的效果提升。

12.2 问题建模

在经典的三维装箱问题中，需要将若干个物品放入固定尺寸的箱子中，并最小化箱子的使用数量。与经典问题不同的是，本文提出的新型装箱问题的目标在于，设计能够容纳一个订单中所有物品的箱子，并使箱子的表面积最小。在一些实际业务场景中，例如跨境电商中，包装物品时使用的是柔性的塑料材料，而且由于包装材料的成本与其表面积直接正相关，所以最小化箱子的表面积即意味着最小化包装成本。本文提出的新型装箱问题的数学表达形式如下所示。给定一系列物品的集合，每个物品 i 都有自己的长（l_i）、宽（w_i）和高（h_i）。优化目标为寻找一个表面积最小且能够容纳所有物品的箱子。我们规定 (x_i, y_i, z_i) 表示每一个物品的左下后（left-bottom-back）角的坐标，而且 $(0,0,0)$ 表示箱子的左下后角的坐标。决策变量的符号及其含义如表 12.1 所示。

表 12.1 决策变量符号及含义

变量名	类型	含义
L	连续型变量	箱子的长度
W	连续型变量	箱子的宽度
H	连续型变量	箱子的高度
x_i	连续型变量	物品在左下后角的 x 坐标
y_i	连续型变量	物品在左下后角的 y 坐标
z_i	连续型变量	物品在左下后角的 z 坐标
s_{ij}	0-1 二元变量	第 i 个物品是否在第 j 个物品的左边
u_{ij}	0-1 二元变量	第 i 个物品是否在第 j 个物品的下边
b_{ij}	0-1 二元变量	第 i 个物品是否在第 j 个物品的后边
δ_{i1}	0-1 二元变量	第 i 个物品是否是正面朝上
δ_{i2}	0-1 二元变量	第 i 个物品是否是正面朝下
δ_{i3}	0-1 二元变量	第 i 个物品是否是侧面朝上
δ_{i4}	0-1 二元变量	第 i 个物品是否是侧面朝下
δ_{i5}	0-1 二元变量	第 i 个物品是否是底面朝上
δ_{i6}	0-1 二元变量	第 i 个物品是否是底面朝下

基于上述问题描述和符号定义，新问题的数学表达形式为：

$$\min L \cdot W + L \cdot H + W \cdot H$$

$$\begin{cases} s_{ij} + u_{ij} + b_{ij} = 1 & (1) \\ \delta_{i1} + \delta_{i2} + \delta_{i3} + \delta_{i4} + \delta_{i5} + \delta_{i6} = 1 & (2) \\ x_i - x_j + L \cdot s_{ij} \leqslant L - \hat{l}_i & (3) \\ y_i - y_j + W \cdot u_{ij} \leqslant W - \hat{w}_i & (4) \\ z_i - z_j + H \cdot b_{ij} \leqslant H - \hat{h}_i & (5) \\ 0 \leqslant x_i \leqslant L - \hat{l}_i & (6) \\ 0 \leqslant y_i \leqslant W - \hat{w}_i & (7) \\ 0 \leqslant z_i \leqslant H - \hat{h}_i & (8) \\ \hat{l}_i = \delta_{i1} l_i + \delta_{i2} l_i + \delta_{i3} w_i + \delta_{i4} w_i + \delta_{i5} h_i + \delta_{i6} h_i & (9) \\ \hat{w}_i = \delta_{i1} w_i + \delta_{i2} h_i + \delta_{i3} l_i + \delta_{i4} h_i + \delta_{i5} l_i + \delta_{i6} w_i & (10) \\ \hat{h}_i = \delta_{i1} h_i + \delta_{i2} w_i + \delta_{i3} h_i + \delta_{i4} l_i + \delta_{i5} w_i + \delta_{i6} l_i & (11) \\ s_{ij}, u_{ij}, b_{ij} \in \{0,1\} & (12) \\ \delta_{i1}, \delta_{i2}, \delta_{i3}, \delta_{i4}, \delta_{i5}, \delta_{i6} \in \{0,1\} & (13) \end{cases} \quad (12.1)$$

其中，$s_{ij} = 1$ 表示第 i 个物品在第 j 个物品的左侧，$u_{ij} = 1$ 表示第 i 个物品在第 j 个物品的下方，$b_{ij} = 1$ 表示第 i 个物品在第 j 个物品的后方。$\delta_{i1} = 1$ 表示物品 i 的摆放朝向为正面朝上，$\delta_{i2} = 1$ 表示物品 i 正面朝下，$\delta_{i3} = 1$ 表示物品 i 侧面朝上，$\delta_{i4} = 1$ 表示物品 i 侧面朝下，$\delta_{i5} = 1$ 表示物品 i 底面朝上，$\delta_{i6} = 1$ 表示物品 i 底面朝下。约束条件中的(9)、(10)、(11)表示物品在不同的朝向情况下占用的空间的长、宽、高；约束条件(1)、(3)、(4)、(5)表示物品之间没有重叠，约束条件(6)、(7)、(8)保证箱子能容纳所有物品。基于上面的数学模型，我们使用了优化引擎，例如 IBM Cplex 等来直接求解此问题。但是对于一般规模的问题（例如物品数量大于等于 6），则很难在合理的时间内获得最优解。而且，我们证明了此类问题是 NP-Hard 问题。证明过程如下。

证明 1　首先，我们证明新型的二维装箱问题为 NP-Hard 问题。为了完成此证明，我们将新型的二维装箱问题归约为一维的普通装箱问题。对于一维的普通装箱问题，我们有 n 个物品，其尺寸分别为 $w_1, w_2, \cdots, w_n$，其中每一

个 w_i 为正整数。箱子的容量为正整数 W。优化目标为最小化箱子的使用数量。为了将新型的二维装箱问题归约为普通的一维装箱问题，我们假设有 n 个物品，其宽度分别为 $w_1, w_2, \cdots, w_n$，高度为 $1/(n \cdot max(w_i))$。还有一个物品，其宽度为 W，高度为 $W \cdot n \cdot max(w_i)$，我们称此物品为基准物品。则可以定义一个新型的装箱问题为：找到一个能够装下所有 $n+1$ 个物品且表面积最小的箱子。不失一般性地，我们假设基准物品放在箱子的左下角。如果将一个物品放到基准物品的右方，则至少会使表面积增加 $(W \cdot n \cdot max(x_i))/(n \cdot max(w_i)) = W$。而如果将一个物品放到基准物品的上方，则最多使表面积增加 W。所以，所有的物品必须被放到基准物品的上方。然后，我们再证明物品在放置时没有进行旋转。如果在放置时有任意一个物品进行了旋转，则表面积至少增加 $W \cdot min(w_i)$。如果放置时没有物品进行旋转，则表面积至多增加 W，所以为了最小化表面积，物品放置时是没有进行旋转的。因此，如果我们能够针对此种包含 $n+1$ 个物品的新型二维装箱问题找到一个最优解，我们就能够同时获得对于普通一维装箱问题的最优解。即如果我们能够在多项式时间内求解此类新型二维装箱问题，则同样能够在多项式时间内求解以上的普通一维装箱问题。显然，这种情况不可能出现，除非 $P=NP$。对于新型的三维装箱问题，我们可以同样在二维问题的基础上对每个物品增加一个长度 $1/(n \cdot max(w_i))^2$。证明方法与上述相同。

12.3 深度强化学习方法

在本部分，我们将介绍用于求解新型三维装箱问题的深度强化学习方法。在求解三维装箱问题时，决策变量主要分为三类：

（1）物品放入箱子的顺序。

（2）物品在箱子中的摆放位置。

（3）物品在箱子中的摆放朝向。

我们首先设计一种启发式算法来求解此类新型三维装箱问题。此种算法的基本思想为：在放入一个物品时，遍历所有可用的空余空间和物品朝向，并选择能够最小化表面积的组合。然后再遍历所有物品，确定一个能够最小化浪费空间体积（LWS，Least Waste Space）的物品。在本文中，我们使用 DRL 方法来优化物品的放入顺序，在确定了物品的放入顺序之后，选择物品的摆放位置和朝向时使用和上述启发式算法相同的方法。所以本研究的重点在于，使用 DRL 方法来优化物品的放入顺序。在目前正在进行和将要进行的研究中，我们还会把物品的放入顺序、摆放位置和朝向统一纳入深度强化学习方法框架。

12.3.1 网络结构

本研究主要使用了文献[131]和[8]提出的神经网络结构。在 Vinyals 和 Bello 等人的研究中提出了一种名为 Pointer Net（Ptr-Net）的神经网络来求解组合优化问题。例如，在求解旅行商问题时，二维平面中每个点的坐标都被输入网络模型，经过计算，模型的输出为每个点被访问的顺序。这种网络结构与文献[115]提出的序列到序列模型非常相似，但是有两点不同：第一，在序列到序列模型中，每一步的预测目标的种类是固定的，但是在 Ptr-Net 中是可变的；第二，在序列到序列模型中，通过注意机制将编码阶段的隐层单元组合成一个上下文向量信息，而在 Ptr-Net 中，通过注意机制选择（指向）输入序列中的一个作为输出。本研究中使用的神经网络模型的结构如图 12.1 所示。

网络的输入为需要装箱的物品的长、宽、高数据，输出为物品装箱的顺序。网络中包含了两个 RNN 模型：编码网络和解码网络。在编码网络的每一步中，首先对物品的长、宽、高数据进行嵌入表达（Embedded），然后输入 LSTM 单元，并获得对应的输出。在编码阶段的最后一步，将 LSTM 单元的状态和输出传递到解码网络中。在解码网络的每一步中，将编码网络的输出中的一个作为下一步的输入。如图 12.1 所示，在解码网络中，第 3 步的输出为 4，因此选择（指向）编码网络的第 4 步的输出，将其作为解码网络下一步（第 4 步）的输入。此外，在每一步的预测过程中还使用了文献[8]

提出的 Glimpse 机制来整合编码阶段和解码阶段的输出信息。

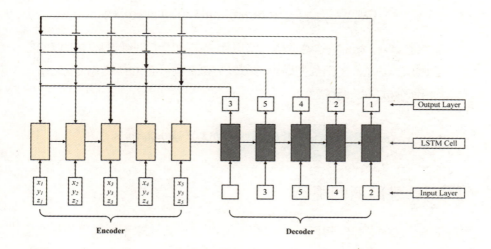

图 12.1 神经网络模型的结构

12.3.2 基于策略的强化学习方法

本研究中使用了强化学习方法来训练网络模型。网络模型的输入可以表示为 $s = \{(l_i, w_i, h_i)\}_{i=1}^n$，其中 l_i、w_i、h_i 分别表示第 i 个物品的长、宽、高。网络模型的输出为物品放入箱子的顺序，用 o 来表示。我们使用表面积（Surface Area，SA）来评价模型的输出结果，使用 $SA(o|s)$ 表示在模型输入为 o、输出为 s 的情况下对应的表面积。模型的随机策略可以表示为 $p(o|s)$，即在模型输入为 s 的情况下，输出为 o 的概率。模型训练的目标为，尽可能使对应表面积较小的输出（o）以较大的概率被选中。我们使用 θ 表示网络模型的参数，因此训练目标可以表示为：

$$J(\theta|s) = E_{o \sim p_{\theta}(\cdot|s)} SA(o|s) \qquad (12.2)$$

文献[144]提出了一种具有普适性的强化学习方法，此种方法能够在训练过程中使模型参数在期望的强化方向上不断地调整。基于此种方法，本研究在训练的每一步中，在获得了奖励值（Reward）、基准值（Baseline Value）

和预测的概率分布之后，模型参数的更新公式为：

$$\nabla_{\boldsymbol{\theta}} J(\boldsymbol{\theta}|s) = E_{o \sim p_{\theta}(\cdot|s)}[(\text{SA}(o|s) - b(s))\nabla_{\boldsymbol{\theta}} \log p_{\theta}(o|s)] \quad （12.3）$$

其中 $b(s)$ 表示表面积的基准值，可以用来有效降低训练过程中梯度的方差。在训练过程中，如果我们随机选取 M 个独立同分布的样本 $s_1, s_2, \ldots, s_M$，则以上更新公式可以近似为：

$$\nabla_{\boldsymbol{\theta}} J(\boldsymbol{\theta}|s) \approx \frac{1}{M} \sum_{i=1}^{M} [(\text{SA}(o_i|s_i) - b(s_i))\nabla_{\boldsymbol{\theta}} \log p_{\theta}(o_i|s_i)] \quad （12.4）$$

12.3.3 基准值的更新

在本研究中，我们使用了一种基于记忆重放的方法来不断地更新基准值。首先，对于每一个样本点 s_i，通过启发式算法获取一个装箱方案，并计算其表面积，作为 $b(s_i)$ 的初始值。之后在每一步的训练过程中，通过以下公式来更新基准值：

$$b'(s_i) = b(s_i) + \alpha(\text{SA}(o_i|s_i) - b(s_i)) \quad （12.5）$$

其中 $\text{SA}(o_i|s_i)$ 为训练过程中获得的表面积的值。

12.3.4 随机采样与集束搜索

在模型的训练阶段，我们从模型预测的概率分布中进行随机样本选取并将其作为输出。但是在验证阶段，我们采用贪婪策略进行选择，即在每一步中，我们选取概率分布中概率最大的备选项作为输出。除此之外，我们在验证阶段使用集束搜索的方法来提高模型的效果，即在每一步中不是选择对应概率最高的备选项，而是选择概率最高的前 k 个备选项作为输出。

算法 8：网络模型的训练步骤

1 使用 S 表示训练样本集合，T 表示训练步数，B 表示训练过程中每批样本的样本量。
2 初始化 Pointer Net 的参数 θ。
3 for $t = 1$ to T do

4　选择一批训练数据 s_i，其中 $i \in \{1, 2, ..., B\}$。
5　对于 s_i，基于 $p_\theta(\cdot | s_i)$ 选择模型的输出 o_i。
6　计算 $g_\theta = \frac{1}{B} \sum_{i=1}^{B} [(\text{SA}(o_i | s_i) - b(s_i)) \nabla_\theta \log p_\theta(o_i | s_i)]$。
7　更新 $\theta = \text{ADAM}(\theta, g_\theta)$。
8　对于 $i \in \{1, 2, ..., B\}$，更新基准值 $b'(s_i) = b(s_i) + \alpha(\text{SA}(o_i | s_i) - b(s_i))$。
9 end for
10　返回模型参数 θ。

12.4　实验与分析

为了验证模型的效果，我们基于大量实际业务数据完成了数值实验。根据每个订单中物品数量的不同（8、10 和 12），把实验分为了三个部分，但是每次实验过程中的超参数均相同。在每次实验中，我们均采用了 15 万条训练样本和 15 万条测试样本。在实验过程中，每批训练的样本量为 128，LSTM 的隐层单元的数量为 128，ADAM 的初始学习速率为 0.001，并且每 5000 步以 0.96 的比例衰减。网络模型的参数的初始值均从[−0.08, 0.08]中随机选取。为了防止梯度爆炸现象的出现，我们在训练过程中使用 L2 正则方法对梯度进行修剪。在更新基准值的过程中，α 的取值为 0.7。在每次训练中，我们在 Tesla M40 GPU 上训练 100 万步，每次的训练时间大约为 12h。在验证阶段，使用集束搜索方法时，集束搜索的宽度为 3。模型主要通过 TensorFlow 来实现。数值实验的结果如表 12.2 所示，主要评价指标为平均表面积（Average Surface Area，ASA）。从表 12.2 中可以看出，在使用集束搜索的情况下，本文提出的基于 DRL 的方法在三类测试集上分别可以获得大约 4.89%、4.88%和 5.33%的效果提升。此外，我们抽取了 8 个物品测试数据中的 5000 个样本数据，并通过穷举的方法获得了最优物品的放入顺序，通过计算可知，启发式算法的结果与最优解的平均差距在 10%，这说明基于 DRL 的方法的结果已经与最优解比较接近了。

表 12.2　不同方法下获得的 ASA

物品数量	随机方法	启发式算法	深度强化学习方法（随机选取）	深度强化学习方法（集束搜索）
8	44.70	43.97	41.82	41.82
10	48.38	47.33	45.03	45.02
12	50.78	49.34	46.71	46.71

12.5　小结

本文提出了一类新型三维装箱问题，与传统的三维装箱问题不同，本文提出的问题的优化目标为最小化能够容纳所有物品的箱子的表面积。由于问题的复杂性和求解难度，此类问题非常难以获得最优解，而大部分启发式算法又缺乏普适性，所以本文尝试将 Pointer Net 框架和基于深度强化学习的方法应用到对此类问题的优化求解中。本文基于大量实际数据对网络模型进行了训练和验证，数值实验的结果表明，基于深度强化学习方法获得的结果显著好于已有的启发式算法。

本项研究的主要贡献包括：

（1）提出了一类新型的三维装箱问题。

（2）将深度强化学习技术应用到此类新问题的求解中，并验证了其有效性。

在最新的研究中，我们还提出了一种新的网络结构，从而能够使用网络同时预测物品的放入顺序和朝向，实际效果也有了大幅提升。目前这部分研究成果正在投稿和发表过程中。

第 13 章
基于强化学习的分层流量调控

13.1 研究背景

福利经济学告诉我们，市场可以解决两大问题：效率和公平。在满足一定条件的情况下，通过市场机制可以实现帕累托最优，达到单独改变任何一个个体都不能实现更优的状态的效果，以此实现效率的最优化。但效率最优往往是不够的。尽管一个贫富差距巨大的社会仍然有可能是帕累托最优的，但这是一个极不稳定的状态，一个稳定的社会结构还需要考虑公平。福利经济学第二定理指出，即使改变了个体之间禀赋的初始分配状态，仍然可以通过竞争性市场来达到帕累托有效配置，从而兼顾公平。

事实上，今天的淘宝已成为一个规模不小的经济体。因此，社会经济学里面讨论的问题，在我们这里几乎无一例外地出现了。早期的淘宝模式多数通过效率优先的方式去优化商品的展示，从而给消费者带来了最初的刻板印象：低价爆款。这是一定的历史局限性产生的结果，但肯定不是我们长期希望看到的情形。因为社会大环境在变化，人们的消费意识也在变化，如果不能同步跟上，甚至超前布局，就有可能被竞争对手赶上，错失良机。因此，我们近几年加强对品牌的经营，现在再搜索"连衣裙"这样的词，也很难看到"9块9包邮"的商品了，而这在3年之前十分常见。这里的品牌和客单等因素，是通过一系列的计划经济手段来干预的，类似于福利经济学第二定理中的禀赋分配，依据的是全局观察和思考，很难而且也不可能通过一个局部的封闭系统（例如搜索的排序优化器）来实现。

因此，越来越多的运营和产品人员，鉴于以上的思考，提出了很多干预的分层。这里的分层指的是商品/商家类型的划分。可以从不同的维度来划分，比如，按照对平台重要性将天猫商家划分成A、B、C、D类商家；按照品牌影响力将商品划分为高调性商品和普通商品；按照价格将商品划分为高端、中等、低端等。而早期设计的算法人员对这些可能也不够重视，一个经典的做法即简单加权，这通常会带来效率上的损失，因此结果大多也是不了了之。当我们认真审视这个问题时，发现其实是可以预料的，损失也是必然的。因为一个纯粹的市场竞争会在当前的供需关系下逐步优化，达到一个局部最优，所以一旦这个局部最优点被一个大的扰动打破，其打破的瞬间必然是有效率损失的，但之后是有机会到达比之前的稳定点更优的地方。局部最优和全局最优如图 13.1 所示。

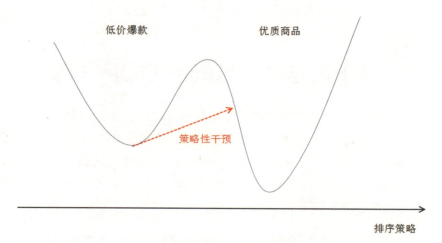

图 13.1　局部最优和全局最优

这给我们的算法带来了两个问题：

（1）如何尽可能减少瞬时损失？

（2）如何尽快到达新的有可能更优的局部最优点？

对应的解决方案也很自然：

（1）进行个性化的干预，减少不必要的损失。例如，干预的分层为物流时效，那么对当时对物流不敏感而对销量更看重的那些用户，则没有必要进行很强的干预。

（2）通过更广泛、更智能的探索。仍是上面的例子，因为当前的整体排序没有考虑物流时效，所以我们的数据中就没有这样的属性。因此，我们无法通过监督学习学到类似更多"次日达"这样的商品被排到首页的效率会如何变化，只能逐渐"试"出来，再从之后的用户反馈中总结经验，这是一个典型的"trial and error"的过程。

所以，当我们进一步抽象时，会发现这自然定义了一个强化学习问题：个性化的干预可以看作针对不同的状态，所采取的动作不一样，而更广泛、更智能的探索则对应着要将强化学习的搜索学习过程。

13.2　基于动态动作区间的 DDPG 算法

我们把搜索行为看成是用户与搜索引擎交互的 MDP，搜索引擎作为 Agent、观察到的用户和搜索词信息作为状态、排序策略作为动作、用户反馈（浏览、点击、购买）作为奖赏，排序参数优化问题也可通过 RL 来求解。为了引入流量结构变化的影响，我们将分层流量占比的变化和用户行为反馈一起作为奖赏，具体如下：

- 搜索场景下的上下文通常包括 query profile 和 user profile，其中 query profile 由搜索关键词的物理属性（词性、词长度等）和淘宝属性（类目、行业等）组成，user profile 由用户长期的行为偏好、实时的状态和行为序列表示，因此我们将这些表示为状态，记为 $s \in R^d$。
- 假设需要进行干预的信号有 m 个，把每个分层抽象成一个排序因子，如果商品属于该分层，则该因子为 1，否则为 0；所有因子对应的权重组成动作。一个常用的技巧是，不直接输出动作的绝对值，而是在神经网络的最后一个输出层，使用 sigmoid（亦可使用 tanh，二者是可以相互表示的），将动作网络输出的每一维限定在[0,1]，即 $o \in [0,1]^m$，再经过一个变换使其生效，即

$$a^k = L^k + (U^k - L_k)o^k, \forall k \in \{1,2,\cdots,m\} \quad (13.1)$$

- U^k 和 L_k 是第 k 维分层排序因子的权重的上届和下届，一般来自领域知识，但通常受限于经验，因此我们尝试使用一种新的方法进行自动赋值，将在下一节进行阐述。
- 奖赏设计的第一要素是分层比例，即展示商品中分层商品占总商品的比

例$p_i(\pi)$。与此同时，由于在流量调控的同时需要兼顾效率，用户的行为反馈必须作为考虑的因素，因此反馈中进一步考虑了点击（click）、购买（buy）和架构（cart）中的用户反馈行为，每种行为的影响因子不同，一般而言是 buy>cart>click，这里统一表示为每个 PV 中用户 click、cart、buy 的数量 n_{click}、n_{cart}、n_{buy}的一个函数，即 $\text{GMV}(n_{\text{click}}, n_{\text{cart}}, n_{\text{buy}})$。

此外，分层比例需要设定对照组。举个例子，羊绒衫的搜索结果中高价商品比例明显高于毛衣，因为关键词本身已经体现了价格差异，与流量调控的动作并无关系，所以在计算实际的分层比例时，我们会将其原值减去同关键词在基准桶的分层比例 $p_i(\pi_{\text{basic}})$，即

$$r(s,a) = \text{GMV}(n_{\text{click}}, n_{\text{cart}}, n_{\text{buy}}) + \sum_{i}^{m} \lambda_i \left(p_i(\pi) - p_i(\pi_{\text{basic}})\right) \quad (13.2)$$

上文的建模建立在 PV 粒度的奖赏上，但是由于用户行为的不确定性（这个不确定性一方面来自用户的点击购买行为具有随机性，另一方面来自我们对用户建模带来的不确定性），所以瞬时奖赏会有很大的偏差，会给学习带来很大的影响，此时如果在整个实数空间内进行搜索，则很有可能收敛不了。因此我们设计了上届（Upper bound）和下届（Low bound），使得 RL 算法只需要在局部进行搜索，降低了学习的难度，但这又带来了两个新的问题：

（1）如何确保 Upper bound 和 Low bound 的合理性？

（2）如何防止选取了一个局部的最优区间？

针对以上两个问题，我们设计了通过 CEM（Cross Entropy Method）方法来实时动态更新动作的 Upper bound 和 Low bound。具体而言，我们不考虑状态，只考虑一个全局最优动作a_k，我们假设其符合高斯分布，在

$$a^{k*} \in N(\mu_k, \sigma_k^2) \quad (13.3)$$

每次迭代的开始，我们从这个分布上采样 s 个样本，即$\Omega_1, \Omega_2, \cdots, \Omega_s$，然后对这些动作进行充分的投放，得到对应动作的一个充分置信的奖赏值，即

$$R(\Omega_1) = \frac{1}{N_1} \sum_{i}^{N_1} r_i(\Omega_1) \qquad (13.4)$$

$$R(\Omega_2) = \frac{1}{N_2} \sum_{i}^{N_2} r_i(\Omega_2) \qquad (13.5)$$

$$\vdots$$

$$R(\Omega_s) = \frac{1}{N_s} \sum_{i}^{N_s} r_i(\Omega_s) \qquad (13.6)$$

然后我们对 $R(\Omega_1), R(\Omega_2), \cdots, R(\Omega_s)$ 进行排序，选取 top p 的子集 D，以最大化高斯分布产生这些样本的概率，即

$$\max_{\mu_k^*, \sigma_k^{2*}} f(\mu_k^*, \sigma_k^{2*}) = \sum_{i \in D} \log N(\Omega_i | \mu_k^*, \sigma_k^{2*}) \qquad (13.7)$$

实际上，上面的式子是有最优解的，μ_k^* 即 D 中所有样本的均值，σ_k^{2*} 则是所有样本的方差。但如果直接求解，模型会迭代过快，一方面会完全忘记之前迭代的信息；另一方面，因为会直接输出供上面的 RL 学习使用，所以上下界不能变化过快，否则 RL 很有可能无法及时跟上变化。因此，我们采用了缓慢更新的方法，即

$$\mu_k \leftarrow \mu_k + \alpha \frac{\partial f}{\partial \mu_k} \qquad (13.8)$$

$$\sigma_k \leftarrow \sigma_k + \alpha \frac{\partial f}{\partial \sigma_k} \qquad (13.9)$$

在更新之后，我们使用下面的方法赋值第 k 维动作的 Upper bound 和 Low bound，确保 RL 调节的动作在一个全局较优的空间内：

$$L^k = \mu_k - 2\sigma_k \qquad (13.10)$$

$$U^k = \mu_k + 2\sigma_k \qquad (13.11)$$

我们的 RL 算法选择了经典的 DDPG 算法，整体流程如下：

- 使用 CEM 选取初始 Upper bound 和 Low bound；
- 启动 DDPG 进行学习，与此同时，使用 CEM 动态调节 Upper bound 和 Low bound。

13.3 实验效果

我们将上述算法在双 11 期间进行了测试，在 GMV 损失可控的情况下，目标商家流量占比大幅提升，达到了预期的业务目标[①]。

13.4 总结与展望

本文的主要工作是基于强化学习的分层流量调控框架实现，在一小部分流量上探索分层调控策略对指标的影响，再结合探索策略的收益，在剩余流量上进行精细化投放。作为流量结构调整的实施部分，框架本身还有很多需要改进的地方。在奖赏的算法设计方面，不同分层流量的奖赏融合、分层流量奖赏与行为反馈奖赏的融合都是需要深入的方向。在探索策略设计方面，目前还是单个维度探索，效率较低，后面会尝试在多个维度同时探索。另外，本章开头提到的如何评估流量结构变化的长期影响是一个更有价值的课题。

---

① 由于流量调控涉及较为敏感的商业信息，所以这里进行了模糊化的实验效果描述，略去了详细的数字对比，敬请谅解。

第 14 章

风险商品流量调控

14.1 研究背景

风险商品长期以来都是淘宝平台面临的顽疾，如果不进行合理控制，会严重威胁平台在消费者心目中的形象。当前平台的特点是风险商品多、风险类型多样化，例如：

- 假冒商品通过复制、仿制大牌商品，以低价的方式出售，牟取暴利，危害极大，非常容易产生公关事件。
- 次品、瑕疵品等劣质商品，差评率和退款率高，严重影响平台的正品感知，损坏平台在买家心目中的形象。
- 大量的标题品牌堆砌、品牌标属不一致、图文不一的侵权商品是权利人关注的重点，被称为商品的霾。
- 未按淘宝规范要求及《广告法》发布的滥发商品，违规类型多、违规手段层出不穷，且商品量大。

传统的风险治理手段主要有两种：

（1）通过商品管理，将违规商品下架或删除，对卖家进行罚分、关店等，使用条件为确定性风险，投诉成立率低，还要考虑客满压力；

（2）流量处罚，治理手段主要为在搜索端对商品直接屏蔽或扣减固定的分数，优点是快速高效，但缺点为不考虑大盘情况，流量调节的粒度不够细。

因此，我们急需一套精准的流量调控机制，在大盘稳定的前提下，有效降低风险商品的流量，提升平台的洁净度。

在过去的风险流量调控项目中，我们基于人工设定的权重对风险商品进行调控，在一定程度上实现了风险商品流量调控的目的，但也存在一些明显的问题：

（1）基于大盘整体的表现确定的全局权重，无法实现更细粒度的流量调控，由于不同风险状态下的关键词，流量调控的权重是相同的，其流量调控效果自然大打折扣。

（2）降权权重是固定的，无法随着环境的变化动态调整。

因此，我们的目标是采用更加智能的算法，将流量调控的粒度从全局细化到关键词，并实现实时动态的权重寻优，最终在大盘稳定的前提下，获取更好的风险流量调控效果。

建模思路：已知关键词当前的状态，选择一组排序因子的权重，能够最大程度地降低当前关键词下的风险商品流量，同时平衡平台的收益。这是一个典型的序列决策问题，非常适合用强化学习的框架来求解。

14.2 基于强化学习的问题建模

14.2.1 状态空间的定义

我们的目标是在大盘稳定的前提下降低风险商品的流量，因此状态的定义分为关键词的正向表现（点击率、转化率等）及关键词的负向风险程度，包含关键词的离线特征和实时特征，如图 14.1 所示。

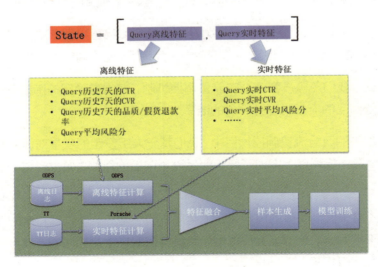

图 14.1 状态的定义及计算流程

其中，关键词的离线特征用于刻画关键词的长期特性。例如，历史 7 天的点击率、转化率等，可以反映关键词历史成交效率的高低；历史 7 天的品质退款率、假货退款率可以反映关键词历史退款风险的大小。除了离线特征，我们还考虑了关键词的实时特征，这能让我们对关键词的短期状态变化进行快速感知，对环境变化作出及时的响应，包括关键词的实时风险分、实时点击率、实时转化率等。

在我们的定义中，关键词的实时特征是对用户在关键词下长度为 T 的时间段内的行为数据进行累积的结果。之所以这样做，是因为我们用到了关键词的点击率、转化率这样的特征，累积长度为 T 的时间可以有效降低特征计算的偏差。在我们的实现中，T 取 15 分钟。

14.2.2 动作空间的定义

动作定义为一组排序因子的权重向量，每一维代表一个排序因子的权重。我们使用的排序因子包括三个：

（1）商品的风险分。

（2）商品是否为高风险商品。

（3）商品的 GMV 预测分。

特征不多，却是我们实现调控的有力抓手。商品的风险分和是否为高风险商品这两个条件可以帮助我们有效调节风险商品的曝光程度，GMV 分可以帮助我们在降低风险流量的同时平衡大盘的正向收益。计算 GMV 分时融合了商品的炒信风险，确保了正向的纯净。

14.2.3 奖赏函数的定义

在设计奖赏函数时，同样会兼顾正负向收益，定义如下。

正向奖赏：

$$R_p = \sum_i \beta_1 \text{clk}_i + \beta_2 \times \text{price}_i \times \text{ord}_i \qquad (14.1)$$

负向奖赏：

$$R_n = -\sum_i \text{rscore}_i \times (\gamma_1 \text{pv}_i + \gamma_2 \text{clk}_i + \gamma_3 \text{ord}_i) \times 1.5^{y_i} \qquad (14.2)$$

总收益为 $R = \alpha_1 R_p + \alpha_2 R_n$，其中：

（1）R_p 为正向收益，目的是平衡大盘的正向指标（GMV、点击率），主要包括两个部分，分别为点击和成交对应的正向收益，当用户点击或者购买商品时会产生对应的正向奖赏。

（2）R_n 为负向收益，目的是引导搜索排序、尽可能降低关键词下的风险商品流量，由三个部分组成，用户在关键词下的每次曝光、点击和成交都会根据对应商品的风险大小进行加权，进而计算得出负向奖赏。

（3）ord、clk、pv 分别表示关键词下的商品是否有成交、点击、展现，y 表示商品是否为高风险商品。当一个商品为高风险商品时，我们会对其负向奖赏进行加权，引导搜索排序的结果尽可能少展示这样的高风险商品，进而降低风险商品的流量。

（4）rscore 表示商品本身的风险分，α、β、γ 为调节因子，可以调节总收益中不同部分的重要程度，例如正向奖赏和负向奖赏的相对重要程度，以及展现、点击、成交的相对重要程度等。

14.2.4 模型选择

在模型选择的问题上，我们调研了多种算法，具体如下。

（1）基于值函数的 Q-Learning、DQN 等。这些算法适用于离散动作空间，而在我们的场景下的动作为排序因子的权重值，是一个连续变化的量，所以这些算法无法解决我们的问题，而且 DQN 算法在实际训练时也有收敛慢的缺点。

（2）经典的 Policy Gradient 算法虽然适用于连续动作输出的场景，但训练的过程太长（因为算法必须在每一轮 Episode 结束后才能进行梯度的估计和策略的更新）。

（3）Actor-Critic 算法通过引入 Critic 网络对每一步的动作进行评价，解决了必须在 Episode 结束后才能更新策略的问题，算法可以通过 step by step 的方式进行更新，但由于使用连续的样本更新模型，样本之间的相关性强，模型的收敛性会受到影响。

（4）Google DeepMind 团队把在 DQN 训练中取得成功的 Experience Replay 机制和 TargetNetwork 两个组件引入了 Actor-Critic 算法，极大地提高了模型训练的稳定性和收敛性，在很多复杂的连续动作控制任务上取得了非常好的效果。

我们的场景属于连续动作空间问题，所以我们最终选择了性能较好的 DDPG 模型作为方案的核心算法。整体的网络结构如图 14.2 所示。

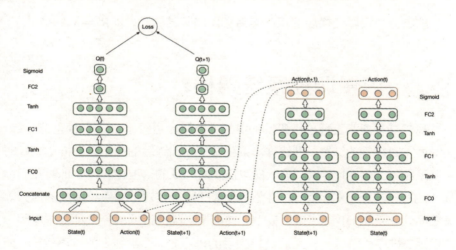

图 14.2　模型网络结构

14.2.5 奖赏函数归一化

在实际训练过程中我们发现，由于奖赏考虑了正负两个方面，正向奖赏的取值范围远大于负向奖赏（因为正向的成交奖赏考虑了价格因素），导致负向的风险因素几乎不起作用。为了解决这个问题，我们对原始的奖赏计算结果进行了尺度变换的后处理，使正负奖赏具备了可比性。具体地，我们使用 Ln 变换对奖赏进行了后处理，处理之后正负向奖赏的分布区间变得更具可比性。

正向奖赏尺度变换：

$$R_p' = \frac{\alpha_1 \log(1 + R_p)}{\alpha_1 + \alpha_2} \tag{14.3}$$

负向奖赏尺度变换：

$$R_n' = -\frac{\alpha_2 \log(1 - R_n)}{\alpha_1 + \alpha_2} \tag{14.4}$$

总收益为尺度变换后的正向奖赏和负向奖赏的和，即 $R' = R_p' + R_n'$。

14.3 流量调控系统架构

我们基于搜索工程部门研发的实时计算平台进行了 DDPG 模型的训练、关键词实时特征的计算、训练样本的生成等，训练后的模型定时推送到实时存储系统 IGraph 上存储。虽然模型是实时训练的，但在具体实现时我们每隔 10 分钟推送一次新模型，避免了频繁的写操作对存储系统造成的压力。关键词处理系统 QP 负责读取模型，并根据当前关键词的特征预测排序因子的权重，排序引擎取到权重后计算最后的排序分，影响线上的排序效果，如图 14.3 所示。

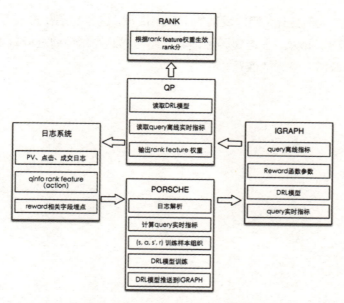

图 14.3　强化学习流量调控系统整体架构

14.4　实验效果

双 11 当天，在保证大盘稳定的前提下（GMV 不降低，客单价不降低），平台的假货退款率和品质退款率显著降低，高风险商品的流量和成交额显著下降[①]。

14.5　总结与展望

本章初步尝试通过使用强化学习技术，对风险商品进行精准流量调控并取得了一定的效果，但总体而言在很多环节做了一定的近似，例如没有考虑

---

① 由于流量调控涉及较为敏感的商业信息，所以这里进行了模糊化的实验效果描述，略去了详细的数字对比，敬请谅解。

状态分布的实时变化、用户反馈的不确定性等，这些都是在未来工作中可以考虑的方向。此外，在流量调控领域，如何把调控和规划进行有效的结合，也是一个非常有意思的课题。

参考文献

[1] Martín Abadi, Paul Barham, Jianmin Chen, Zhifeng Chen, Andy Davis, Jeffrey Dean,MatthieuDevin,SanjayGhemawat,GeoffreyIrving,MichaelIsard, etal. Tensorflow: A system for large-scale machine learning. In *OSDI*, volume 16, pages 265–283, 2016.

[2] Pieter Abbeel, Adam Coates, Morgan Quigley, and Andrew Y Ng. An appli-cation of reinforcement learning to aerobatic helicopter flight. In *Advances in neural information processing systems*, pages 1–8, 2007.

[3] Alizila. Joe tsai looks beyond alibaba's rmb3trillion milestone. http://www.alizila.com/joe-tsai-beyond-alibabas-3-trillion-milestone/, 2017.

[4] Brenna D Argall, Sonia Chernova, Manuela Veloso, and Brett Browning. A surveyofrobotlearningfromdemonstration. *Robotics and autonomous systems*, 57(5):469–483, 2009.

[5] Peter Auer, Nicolò Cesa-Bianchi, and Paul Fischer. Finite-time analysis of the multiarmed bandit problem. *Machine Learning*, 47(2-3):235–256, 2002.

[6] Jonathan Baxter and Peter L Bartlett. Infinite-horizon policy-gradient estima-tion. *Journal of Artificial Intelligence Research*,15:319–350, 2001.

[7] Richard Ernest Bellman. Dynamic programming. 1957.

[8] Irwan Bello, Hieu Pham, Quoc V Le, Mohammad Norouzi, and Samy Bengio. Neural combinatorial optimization with reinforcement learning. *arXiv preprint arXiv:1611.09940*, 2016.

[9] Dimitri P Bertsekas and John N Tsitsiklis. *Neuro-Dynamic Programming*. Athena Scientific, 1996.

[10] Michael Best and Nilotpal Chakravarti. Active set algorithms for isotonic re-gression: a unifying framework. *Mathematical Programming*, (1-3): 425–429, 1990.

[11] Lubomir Bourdev and Jonathan Brandt. Robust object detection via soft cas-cade. In *Computer Vision and Pattern Recognition, 2005. CVPR 2005. IEEE Computer Society Conference on*, volume 2, pages 236–243. IEEE, 2005.

[12] JustinABoyanandMichaelLLittman.Packetroutingindynamicallychanging networks: A reinforcement learning approach. In *Advances in neural informa-tion processing systems*, pages 671–678, 1994.

[13] Ronen I. Brafman and Moshe Tennenholtz. R-MAX -A general polynomial time algorithm for near-optimal reinforcement learning. *Journal of Machine Learning Research*, 3:213–231, 2002.

[14] Ronen I Brafman and Moshe Tennenholtz. R-max-a general polynomial time algorithmfornear-optimalreinforcementlearning.*Journal of MachineLearning Research*, 3(Oct):213–231, 2002.

[15] ChrisBurges,TalShaked,ErinRenshaw,AriLazier,MattDeeds,NicoleHamil-ton, and Greg Hullender. Learning to rank using gradient descent. In *International Conference on Machine Learning*, pages 89–96, 2005.

[16] Christopher J Burges, Robert Ragno, and Quoc V Le. Learning to rank with nonsmooth cost functions. In *NIPS*, pages 193–200, 2007.

[17] Christopher J C Burges. From ranknet to lambdarank to lambdamart: An overview. *Learning*, 11, 2010.

[18] R Busa-Fekete, D Benbouzid, and B Kégl. Fast classification using sparse decision dags. In 29th International Conference on Machine Learning (ICML 2012), pages 951–958. Omnipress, 2012.

[19] Lucian Busoniu, Robert Babuska, and Bart De Schutter. A comprehensive sur-vey of multiagent reinforcement learning. *IEEE Transactions on Systems, Man, And Cybernetics-Part C: Applications and Reviews, 38 (2), 2008*, 2008.

[20] Zhe Cao, Tao Qin, Tie-Yan Liu, Ming-Feng Tsai, and Hang Li. Learning to rank: from pairwise approach to listwise approach. In *ICML*, pages 129–136. ACM, 2007.

[21] Zhe Cao, Tao Qin, Tie-Yan Liu, Ming-Feng Tsai, and Hang Li. Learning to rank: From pairwise approach to listwise approach. Technical report, April 2007.

[22] Heng-Tze Cheng, Levent Koc, Jeremiah Harmsen, Tal Shaked, Tushar Chandra, Hrishi Aradhye, Glen Anderson, Greg Corrado, Wei Chai, Mustafa Ispir, Rohan Anil, Zakaria Haque, Lichan Hong, Vihan Jain, Xiaobing Liu, and Hemal Shah. Wide & deep learning for recommender systems. *CoRR*, abs/1606.07792, 2016.

[23] James J Choi, David Laibson, Brigitte C Madrian, and Andrew Metrick. Rein-forcement learning and savings behavior. *The Journal of finance*, 64(6):2515–2534, 2009.

[24] W. A. Clark and B. G. Farley. Generalization of pattern recognition in a self-organizing system. In *Proceedings of the March 1-3, 1955, Western*

Joint Com-puter Conference, AFIPS '55 (Western), pages 86–91, New York, NY, USA, 1955. ACM.

[25] Djork-Arne Clevert, Thomas Unterthiner, and Sepp Hochreiter. Fast and accu-rate deep network learning byexponential linear units (elus). 2016.

[26] WilliamS.Cooper,FredricC.Gey,andDanielP.Dabney. Probabilisticretrieval based on staged logistic regression. In *International Acm Sigir Conference on Research and Development in Information Retrieval*, pages 198–210, 1992.

[27] PaulCovington,JayAdams,andEmreSargin.Deepneuralnetworksforyoutube recommendations. In *ACM Conference on Recommender Systems*, pages 191– 198, 2016.

[28] Debashis Das, Laxman Sahoo, and Sujoy Datta. A survey on recommendation system. *International Journal of Computer Applications*, 160(7), 2017.

[29] GeoffDavis,StephaneMallat,andMarcoAvellaneda.Adaptivegreedyapprox- imations. *Constructive approximation*, 13(1):57–98, 1997.

[30] SamDevlinandDanielKudenko.Dynamicpotential-basedrewardshaping.In *Proceedings of the 11th International Conference on Autonomous Agents and Multiagent Systems-Volume 1*,pages433–440.InternationalFoundationforAu- tonomous Agents and Multiagent Systems, 2012.

[31] ThomasG.Dietterich.TheMAXQmethodforhierarchicalreinforcementlearn-ing. In *Proceedings of the 15th International Conference on Machine Learning (ICML 1998)*, pages 118–126, 1998.

[32] Thomas G. Dietterich. Hierarchical reinforcement learning with the MAXQ value function decomposition. *J. Artif. Intell. Res. (JAIR)*,13:227–

303, 2000.

[33] TG Ditterrich. Machine learning research: four current direction. *Artificial Intelligence Magzine*, 4:97–136, 1997.

[34] Kurt Driessens and Saso Dzeroski. Integrating guidance into relational rein-forcement learning. *Machine Learning*, 57(3):271–304, 2004.

[35] Kurt Driessens and Jan Ramon. Relational instance based regression for re-lational reinforcement learning. In *Proceedings of the Twentieth International Conference on Machine Learning (ICML 2003)*, pages 123–130, 2003.

[36] Saso Dzeroski, Luc De Raedt, and Kurt Driessens. Relational reinforcement learning. *Machine Learning*, 43(1/2):7–52, 2001.

[37] Mohammad Shahrokh Esfahani and Edward R. Dougherty. Effect of separate sampling on classification accuracy. *Bioinformatics*, 30(2):242–250, 2014.

[38] Yoav Freund, Raj Iyer, Robert E Schapire, and Yoram Singer. An efficient boosting algorithm for combining preferences. *Journal of Machine Learning Research*, 4(6):170–178, 2003.

[39] Jim Gao and Ratnesh Jamidar. Machine learning applications for data center optimization. *Google White Paper*, 2014.

[40] XiuboGeng,Tie-YanLiu,TaoQin,andHangLi.Featureselectionforranking. In*Proceedings of the 30th Annual International ACM SIGIR Conference on Re-search and Development in Information Retrieval*, SIGIR '07, pages 407–414, New York, NY,USA,2007.ACM.

[41] Fredric C Gey. Inferring probability of relevance using the method of logistic regression. In *Proceedings of the 17th annual international ACM*

SIGIR con-ference on Research and development in information retrieval, pages 222–231. Springer-Verlag New York, Inc., 1994.

[42] MohammadGhavamzadehandSridharMahadevan.Continuous-timehierarchicalreinforcementlearning. In *Proceedings of the 18th International Conference on Machine Learning (ICML 2001)*, pages 186–193, 2001.

[43] David E. Goldberg. *Genetic Algorithms in Search, Optimization and Machine Learning*. Addison-Wesley Longman Publishing Co., Inc., Boston, MA, USA, 1st edition, 1989.

[44] Ian Goodfellow, Jean Pouget-Abadie, Mehdi Mirza, Bing Xu, David Warde-Farley, Sherjil Ozair, Aaron Courville, and Yoshua Bengio. Generative adver-sarialnets. In *Advances in neural information processing systems*, pages 2672–2680, 2014.

[45] RobertC.Grande,ThomasJ.Walsh,andJonathanP. How.Sampleefficientreinforcementlearningwithgaussianprocesses. In *Proceedings of the 31th Inter-national Conference on Machine Learning, ICML 2014, Beijing, China, 21-26 June 2014*, pages 1332–1340, 2014.

[46] Shane Griffith, Kaushik Subramanian, Jonathan Scholz, Charles L Isbell, and AndreaLThomaz. Policyshaping: Integratinghumanfeedbackwithreinforcement learning. In *Advances in neural information processing systems*, pages 2625–2633, 2013.

[47] Saurabh Gupta, Sayan Pathak, and Bivas Mitra. *Complementary Usage of Tips and Reviews for Location Recommendation in Yelp*. SpringerInternationalPublishing, 2015.

[48] Isabelle Guyon and André Elisseeff. An introduction to variable and feature selection. *Journal of machine learning research*, 3(Mar):1157–1182, 2003.

[49] Matthew Hausknecht and Peter Stone. Deep recurrent q-learning for partially observablemdps. 2015.

[50] Nicolas Heess, Gregory Wayne, David Silver, Tim Lillicrap, Tom Erez, and Yuval Tassa. Learning continuous control policies by stochastic value gradients. In *NIPS*, pages 2944–2952, 2015.

[51] Jonathan Ho and Stefano Ermon. Generative adversarial imitation learning. In *Advances in Neural Information Processing Systems*, pages 4565–4573, 2016.

[52] Sepp Hochreiter and Jürgen Schmidhuber. Long short-term memory. *Neural computation*, 9(8):1735–1780, 1997.

[53] Ronald A Howard. *Dynamic programming and Markov processes*. Wiley for The Massachusetts Institute of Technology, 1964.

[54] Junling Hu, Michael P Wellman, et al. Multiagent reinforcement learning: theoretical framework and an algorithm. In *ICML*, volume 98, pages 242–250, 1998.

[55] Nicholas K Jong and Peter Stone. Model-based exploration in continuous state spaces. In *International Symposium on Abstraction, Reformulation, and Approx-imation*, pages 258–272. Springer, 2007.

[56] Sham M. Kakade. *On the Sample Complexity of Reinforcement Learning*. PhD thesis, Gatsby Computational Neuroscience Unit, University College London, 2003.

[57] Andreas Karlsson. Survey sampling: theory and methods. *Metrika*, 67(2):241–242, 2008.

[58] Sumeet Katariya, Branislav Kveton, Csaba Szepesvari, Claire Vernade, and Zheng Wen. Stochastic rank-1 bandits. In *Artificial Intelligence and Statistics*, pages 392–401, 2017.

[59] Michael J. Kearns and Satinder P. Singh. Near-optimal reinforcement learning inpolynomial time. *Machine Learning*, 49(2-3):209–232, 2002.

[60] Krishnaram Kenthapadi, Krishnaram Kenthapadi, and Krishnaram Kenthapadi. Lijar: A system for job application redistribution towards efficient career mar-ketplace. In *ACM SIGKDD International Conference on Knowledge Discovery and Data Mining*, pages 1397–1406, 2017.

[61] HyeoneunKim,WoosangLim,KanghoonLee,Yung-KyunNoh,andKee-Eung Kim. Reward shaping for model-based bayesian reinforcement learning. In *Proceedings of the 29th AAAI Conference on Artificial Intelligence*, pages 3548–3555, 2015.

[62] Yoon Kim. Convolutional neural networks for sentence classification. In *EMNLP*,2014.

[63] Kenji Kira and Larry A Rendell. The feature selection problem: traditional methods and a new algorithm. In *Proceedings of the 10th National Conference on Artificial Intelligence*, pages 129–134.AAAI Press,1992.

[64] A. Harry Klopf. A comparison of natural and artificial intelligence. *SIGART Bull.*, (52):11–13, June 1975.

[65] Vijay R Konda and John N Tsitsiklis.Actor-Criticalgorithms. In *Advances in neural information processing systems*, pages 1008–1014,2000.

[66] George Konidaris and Andrew G. Barto. Autonomous shaping: knowledge transfer in reinforcement learning. In *Proceedings of the Twenty-Third Inter-national Conference (ICML 2006) on Machine Learning*,pages489–496,2006.

[67] Tejas D Kulkarni, Karthik Narasimhan, Ardavan Saeedi, and Josh Tenenbaum. Hierarchical deep reinforcement learning: Integrating

temporal abstraction and intrinsic motivation. In D. D. Lee, M. Sugiyama, U. V. Luxburg, I. Guyon, and R. Garnett, editors, *Advances in Neural Information Processing Systems 29*, pages 3675–3683. Curran Associates, Inc., 2016.

[68] Solomon Kullback and Richard A Leibler. On information and sufficiency. *The annals of mathematical statistics*, 22(1):79–86, 1951.

[69] Branislav Kveton, Csaba Szepesvari, Zheng Wen, and Azin Ashkan. Cascading bandits: Learning to rank in the cascade model. In *Proceedings of the 32nd In-ternational Conference on Machine Learning (ICML-15)*, pages 767–776, 2015.

[70] Paul Lagrée, Claire Vernade, and Olivier Cappe. Multiple-play bandits in the position-based model. In *Advances in Neural Information Processing Systems (NIPS'16)*, pages 1597–1605, 2016.

[71] Tze Leung Lai and Herbert Robbins. Asymptotically efficient adaptive alloca-tion rules. *Advances in applied mathematics*, 6(1):4–22, 1985.

[72] Guillaume Lample, Miguel Ballesteros, Sandeep Subramanian, Kazuya Kawakami, and Chris Dyer. Neural architectures for named entity recognition. *CoRR*, abs/1603.01360, 2016.

[73] Alessandro Lazaric. *Knowledge transfer in reinforcement learning*. PhD thesis, PhD thesis, Politecnico di Milano, 2008.

[74] Kanghoon Lee and Kee-Eung Kim. Tighter value function bounds for bayesian reinforcement learning. In *Proceedings of the 29th AAAI Conference on Artifi-cial Intelligence*, pages 3556–3563, 2015.

[75] Feng-Lin Li, Minghui Qiu, Haiqing Chen, Xiongwei Wang, Xing Gao, Jun Huang, Juwei Ren, Zhongzhou Zhao, Weipeng Zhao, Lei Wang, Guwei Jin, and

Wei Chu. *AliMe Assist: An Intelligent Assistant for Creating an Innovative E-commerce Experience*. 2017.

[76] Ping Li, Chris J. C. Burges, and Qiang Wu. Learning to rank using classification and gradient boosting. In *Advances in Neural Information Processing Systems 20*. MIT Press, Cambridge, MA, January 2008.

[77] Ping Li, Qiang Wu, and Christopher J Burges. Mcrank: Learning to rank using multiple classification and gradient boosting. In *Advances in neural information processing systems*, pages 897–904, 2008.

[78] Elad Liebman, Maytal Saar-Tsechansky, and Peter Stone. DJ-MC: A reinforcement-learning agent for music playlist recommendation. In *Proceed-ings of the 14th International Conference on Autonomous Agents and Multiagent Systems*, pages 591–599, Istanbul, Turkey, 2015.

[79] Timothy P Lillicrap, Jonathan J Hunt, Alexander Pritzel, Nicolas Heess, Tom Erez, Yuval Tassa, David Silver, and Daan Wierstra. Continuous control with deep reinforcement learning. *arXiv preprint arXiv:1509.02971*, 2015.

[80] Timothy P. Lillicrap, Jonathan J. Hunt, Alexander Pritzel, Nicolas Heess, Tom Erez, Yuval Tassa, David Silver, and Daan Wierstra. Continuous control with deep reinforcement learning. In *Proceedings of International Conference on Learning Representations*, pages 1–14, 2015.

[81] Michael L Littman. Markov games as a framework for multi-agent reinforce-ment learning. In *Proceedings of the eleventh international conference on ma-chine learning*, volume 157, pages 157–163, 1994.

[82] Shichen Liu, Fei Xiao, Wenwu Ou, and Luo Si. Cascade ranking for operational e-commerce search. In *Proceedings of the 23rd ACM SIGKDD International Conference on Knowledge Discovery and Data Mining*, KDD'17, pages 1557–1565, New York, NY, USA, 2017. ACM.

[83] Tie-Yan Liu et al. Learning to rank for information retrieval. *Foundations and Trends®in Information Retrieval*,3(3):225–331, 2009.

[84] Bhaskara Marthi, Stuart J. Russell, David Latham, and Carlos Guestrin. Con-current hierarchical reinforcement learning. In *Proceedings of the 19th Inter-national Joint Conference on Artificial Intelligence (IJCAI'05)*, pages779–785, 2005.

[85] M.Minsky. Stepstowardartificialintelligence.*Proceedings of the IRE*, 49(1): 8–30, Jan 1961.

[86] T.M. Mitchell. *Machine Learning*. McGraw-Hill International Editions. McGraw-Hill, 1997.

[87] VolodymyrMnih,AdriaPuigdomenechBadia,MehdiMirza,AlexGraves,Timothy Lillicrap, Tim Harley, David Silver, and Koray Kavukcuoglu. Asynchronousmethodsfordeepreinforcementlearning. In*International Conference on Machine Learning*, pages 1928–1937, 2016.

[88] Volodymyr Mnih, Koray Kavukcuoglu, David Silver, Alex Graves, Ioannis Antonoglou, Daan Wierstra, and Martin Riedmiller. Playing atari with deep reinforcement learning. *arXiv preprint arXiv:1312.5602*,2013.

[89] Volodymyr Mnih, Koray Kavukcuoglu, David Silver, Andrei A Rusu, Joel Ve-ness,MarcGBellemare,AlexGraves,MartinRiedmiller,AndreasKFidjeland, Georg Ostrovski, et al. Human-level control through deep reinforcement learn-ing. *Nature*, 518(7540):529–533, 2015.

[90] Volodymyr Mnih, Koray Kavukcuoglu, David Silver, Andrei A. Rusu, Joel Ve-ness, Marc G. Bellemare, Alex Graves, Martin A. Riedmiller, Andreas Fid-jeland, Georg Ostrovski, Stig Petersen, Charles Beattie, Amir Sadik, Ioannis Antonoglou, Helen King, Dharshan Kumaran, Daan Wierstra, Shane Legg, and DemisHassabis.Human-levelcontrolthroughdeepreinforcementlearning. *Na-ture*,

518(7540):529–533, 2015.

[91] David E Moriarty, Alan C Schultz, and John J Grefenstette. Evolutionary al-gorithms for reinforcement learning. *J. Artif. Intell. Res.(JAIR)*, 11:241–276, 1999.

[92] Balas Kausik Natarajan. Sparse approximate solutions to linear systems. *SIAM journal on computing*, 24(2):227–234, 1995.

[93] Andrew Y Ng, Daishi Harada, and Stuart Russell. Policy invariance under re-ward transformations: Theory and application to reward shaping. In *ICML*, volume 99, pages 278–287,1999.

[94] Andrew Y Ng and Michael Jordan. Pegasus: A policy search method for large mdpsandpomdps. In*Proceedings of the Sixteenth conference on Uncertainty in artificial intelligence*, pages406–415.MorganKaufmannPublishersInc., 2000.

[95] LiviuPanaitandSeanLuke.Cooperativemulti-agentlearning:Thestateofthe art. *Autonomous agents and multi-agent systems*, 11(3):387–434, 2005.

[96] F. Pedregosa, G. Varoquaux, A. Gramfort, V. Michel, B. Thirion, O. Grisel, M. Blondel, P. Prettenhofer, R. Weiss, V. Dubourg, J. Vanderplas, A. Passos,
D. Cournapeau, M. Brucher, M. Perrot, and E. Duchesnay. Scikit-learn: Ma-chine learning in Python. *Journal of Machine Learning Research*, 12:2825– 2830, 2011.

[97] Jan Peters and J Andrew Bagnell. Policy gradient methods. In *Encyclopedia of Machine Learning*, pages 774–776. Springer, 2011.

[98] Mathijs Pieters and Marco A. Wiering. Q-learning with experience replay in a dynamic environment. In *2016 IEEE Symposium Series on Computational Intelligence*, pages 1–8, Athens, Greece, 2016.

[99] Dean A Pomerleau. Efficient training of artificial neural networks for au-tonomous navigation. *Neural Computation*, 3(1):88–97, 1991.

[100] TaoQin,Xu-DongZhang,De-ShengWang,Tie-YanLiu,WeiLai,andHangLi. Ranking with multiple hyperplanes. In *Proceedings of the 30th annual inter-national ACM SIGIR conference on Research and development in information retrieval*, pages 279–286. ACM, 2007.

[101] Filip Radlinski, Robert Kleinberg, and Thorsten Joachims. Learning diverse rankings with multi-armed bandits. In *Proceedings of the 25th international conference on Machine learning*, pages 784–791. ACM, 2008.

[102] RY Rubinstein and DP Kroese. The cross-entropy method: A unified approach to combinatorial optimization, monte-carlo simulation and machine learning. 2004.

[103] Gavin A Rummery and Mahesan Niranjan. *On-line Q-learning using connec-tionist systems*, volume 37. University of Cambridge, Department of Engineer-ing, 1994.

[104] Tim Salimans, Jonathan Ho, Xi Chen, and IIya Sutskever. Evolution strategies as a scalable alternative to reinforcement learning. *arXiv: 1703.03864*, 2017.

[105] JuanCSantamaría,RichardSSutton,andAshwinRam.Experimentswithrein- forcement learning in problems with continuous state and action spaces. *Adap-tive behavior*, 6(2):163–217, 1997.

[106] Stefan Schaal. Is imitation learning the route to humanoid robots? *Trends in cognitive sciences*, 3(6):233–242, 1999.

[107] Tom Schaul, John Quan, Ioannis Antonoglou, and David Silver. Prioritized

ex-perience replay. *arXiv preprint arXiv:1511.05952*, 2015.

[108] Henry Schneiderman. Feature-centric evaluation for efficient cascaded object detection. In*Computer Vision and Pattern Recognition, 2004. CVPR 2004. Pro-ceedings of the 2004 IEEE Computer Society Conference on*, volume 2, pages II–II. IEEE, 2004.

[109] Barto A. G. Selfridge O. J., Sutton R. S. Training and tracking in robotics. In *Proceedings of the 9th International Joint Conference of Artificial Intelligence*, 1985.

[110] David Silver, Guy Lever, Nicolas Heess, Thomas Degris, Daan Wierstra, and Martin Riedmiller. Deterministic policy gradient algorithms. In *Proceedings of the 31st International Conference on Machine Learning (ICML'14)*, pages 387–395,2014.

[111] David Silver, Julian Schrittwieser, Karen Simonyan, Ioannis Antonoglou, Aja Huang, Arthur Guez, Thomas Hubert, Lucas Baker, Matthew Lai, Adrian Bolton, et al. Mastering the game of go without human knowledge. *Nature*, 550(7676):354, 2017.

[112] Akash Srivastava, Lazar Valkoz, Chris Russell, Michael U Gutmann, and Charles Sutton. Veegan: Reducing mode collapse in gans using implicit varia-tional learning. In *Advances in Neural Information Processing Systems*, pages 3310–3320, 2017.

[113] AlexanderL.Strehl,LihongLi,andMichaelL.Littman.Reinforcementlearning infinitemdps: PACanalysis. *Journal of Machine Learning Research*,10: 2413– 2444, 2009.

[114] Alexander L. Strehl, Lihong Li, Eric Wiewiora, John Langford, and Michael L. Littman. PACmodel-freereinforcementlearning. In*Proceedings of the Twenty-Third International Conference (ICML 2006), Pittsburgh,*

Pennsylvania, USA, June 25-29, 2006, pages 881–888,2006.

[115] Ilya Sutskever, Oriol Vinyals, and Quoc V Le. Sequence to sequence learning with neural networks. In *Advances in neural information processing systems*, pages 3104–3112, 2014.

[116] Richard S. Sutton and Andrew G. Barto. *Introduction to Reinforcement Learning*. MIT Press, Cambridge, MA, USA, 1st edition,1998.

[117] Richard S Sutton and Andrew G Barto. *Reinforcement learning: An introduc-tion*, volume 1. MIT press Cambridge, 1998.

[118] Richard S Sutton, David A McAllester, Satinder P Singh, and Yishay Mansour. Policy gradient methods for reinforcement learning with function approxima-tion. In *NIPS*, pages 1057–1063, 2000.

[119] R.S. Sutton. Learning to predict by the methods of temporal differences. *Ma-chine Learning*, 3(1):9–44, 1988.

[120] Csaba Szepesvári and Michael L Littman. A unified analysis of value-function-based reinforcement-learning algorithms. *Neural computation*, 11(8):2017–2060, 1999.

[121] Istvan Szita and Csaba Szepesvári. Model-based reinforcement learning with nearly tight exploration complexity bounds. In *Proceedings of the 27th Interna-tional Conference on Machine Learning (ICML-10)*, pages 1031–1038, 2010.

[122] Aviv Tamar, Yi Wu, Garrett Thomas, Sergey Levine, and Pieter Abbeel. Value iteration networks. In *Advances in Neural Information Processing Systems*, pages 2154–2162, 2016.

[123] Matthew E Taylor and Peter Stone. Transfer learning for reinforcement learning domains: A survey. *The Journal of Machine Learning Research*,10:1633–

1685, 2009.

[124] Matthew E. Taylor, Peter Stone, and Yaxin Liu. Transfer learning via inter-task mappings for temporal difference learning. *Journal of Machine Learning Research*, 8:2125–2167, 2007.

[125] EdwardLeeThorndike. *Animal intelligence: Experimental studies*. Macmillan, 1911.

[126] C. Van Der Malsburg. Frank rosenblatt: Principles of neurodynamics: Percep-tronsandthetheoryofbrainmechanisms. InGüntherPalmandAdAertsen,ed-itors, *Brain Theory*, pages 245–248, Berlin, Heidelberg, 1986. Springer Berlin Heidelberg.

[127] HadoVanHasselt,ArthurGuez,andDavidSilver. Deepreinforcementlearning with double q-learning. In *AAAI*, volume 16, pages 2094–2100, 2016.

[128] HadovanHasselt,ArthurGuez,andDavidSilver. Deepreinforcementlearning withdoubleq-learning.In*Proceedings of the 30th AAAI Conference on Artificial Intelligence*, pages 2094–2100, Phoenix, Arizona, 2016.

[129] NgoAnhVien,HungNgo,andErtelWolfgang.Montecarlobayesianhierarchi-calreinforcementlearning. In *International Conference on Autonomous Agents and Multi-Agent Systems (AAMAS'14)*, pages 1551–1552, 2014.

[130] Oriol Vinyals, Meire Fortunato, and Navdeep Jaitly. Pointer networks. In C.Cortes,N.D.Lawrence,D.D.Lee,M.Sugiyama,andR.Garnett,editors,*Ad-vances in Neural Information Processing Systems 28*,pages2692–2700. Curran Associates, Inc., 2015.

[131] Oriol Vinyals, Meire Fortunato, and Navdeep Jaitly. Pointer networks. In *Ad-vances in Neural Information Processing Systems*, pages 2692–2700, 2015.

[132] Paul Viola and Michael Jones. Rapid object detection using a boosted cascade of simple features. In *Computer Vision and Pattern Recognition, 2001. CVPR 2001. Proceedings of the 2001 IEEE Computer Society Conference on*, pages I–511–I–518 vol.1, 2003.

[133] Wilson S. W. Zcs: A zeroth order classifier system. *Evolutionary Compuation*, pages 1–18, 1994.

[134] Lidan Wang, Jimmy Lin, and Donald Metzler. Learning to efficiently rank. In *Proceedings of the 33rd International ACM SIGIR Conference on Research and Development in Information Retrieval*, SIGIR '10, pages 138–145, New York, NY, USA, 2010. ACM.

[135] Lidan Wang, Donald Metzler, and Jimmy Lin. Ranking under temporal con-straints. In *Proceedings of the 19th ACM International Conference on Infor-mation and Knowledge Management*, CIKM '10, pages 79–88, New York, NY, USA, 2010. ACM.

[136] Yi-Chi Wang and John M Usher. Application of reinforcement learning for agent-based production scheduling. *Engineering Applications of Artificial In-telligence*, 18(1):73–82, 2005.

[137] Ziyu Wang, Tom Schaul, Matteo Hessel, Hado Hasselt, Marc Lanctot, and Nando Freitas. Dueling network architectures for deep reinforcement learning. In *International Conference on Machine Learning*, pages 1995–2003, 2016.

[138] Ziyu Wang, Tom Schaul, Matteo Hessel, Hado Van Hasselt, Marc Lanctot, and NandoDe Freitas. Duelingnetwork architecturesfor deepreinforcement learn-ing. *arXiv preprint arXiv:1511.06581*, 2015.

[139] Ziyu Wang, Tom Schaul, Matteo Hessel, Hado van Hasselt, Marc Lanctot, and Nando de Freitas. Dueling network architectures for deep

reinforcement learn-ing. In *Proceedings of the 33th International Conference on Machine Learning*, pages 1995–2003, New York City, NY,2016.

[140] ChristopherJCHWatkinsandPeterDayan.Q-learning. *Machine learning*, 8(3-4):279–292, 1992.

[141] C.J.C.H.Watkins. *Learning from delayed rewards*. PhDthesis,King's College, Cambridge, 1989.

[142] B. Widrow, N. K. Gupta, and S. Maitra. Punish/reward: Learning with a critic inadaptivethresholdsystems. *IEEE Transactions on Systems, Man, and Cyber-netics*, SMC-3(5):455–465, Sept 1973.

[143] Bernard Widrow and Marcian E. Hoff. Neurocomputing: Foundations of re-search. chapter Adaptive Switching Circuits, pages 123–134. MIT Press, Cam-bridge,MA, USA, 1988.

[144] RonaldJWilliams.Simplestatisticalgradient-followingalgorithmsforconnec-tionist reinforcement learning. *Machine learning*, 8(3-4):229–256, 1992.

[145] Jun Xu and Hang Li. Adarank: a boosting algorithm for information retrieval. In *International ACM SIGIR Conference on Research and Development in In-formation Retrieval*, pages 391–398, 2007.

[146] Zhaohui Zheng, Keke Chen, Gordon Sun, and Hongyuan Zha. A regression framework for learning ranking functions using relative relevance judgments. In *International ACM SIGIR Conference on Research and Development in In-formation Retrieval*, pages 287–294, 2007.

[147] Zhi-Hua Zhou. *Ensemble methods: foundations and algorithms*. CRC press, 2012.

[148] HanZhu,JunqiJin,ChangTan,FeiPan,YifanZeng,HanLi,andKunGai.Op-

timized cost per click in taobao display advertising. In *Proceedings of the 23rd ACM SIGKDD International Conference on Knowledge Discovery and Data Mining*, KDD '17, pages 2191–2200, New York,NY, USA, 2017. ACM.

[149] Masrour Zoghi, Tomas Tunys, Mohammad Ghavamzadeh, Branislav Kveton, Csaba Szepesvari, and Zheng Wen. Online learning to rank in stochastic click models. In *International Conference on Machine Learning*, pages 4199–4208, 2017.

反侵权盗版声明

电子工业出版社依法对本作品享有专有出版权。任何未经权利人书面许可，复制、销售或通过信息网络传播本作品的行为；歪曲、篡改、剽窃本作品的行为，均违反《中华人民共和国著作权法》，其行为人应承担相应的民事责任和行政责任，构成犯罪的，将被依法追究刑事责任。

为了维护市场秩序，保护权利人的合法权益，我社将依法查处和打击侵权盗版的单位和个人。欢迎社会各界人士积极举报侵权盗版行为，本社将奖励举报有功人员，并保证举报人的信息不被泄露。

举报电话：（010）88254396；（010）88258888

传　　真：（010）88254397

E-mail：　dbqq@phei.com.cn

通信地址：北京市万寿路173信箱
　　　　　电子工业出版社总编办公室

邮　　编：100036